快学装修

流行新做法

阳鸿钧 等编著

化学工业出版社

·北京·

内容简介

本书对现下流行的装修新设计、新材料、新工艺、新产品等采取图文对照的方式进行讲解。本书共 8 章，包括顶棚装修新做法、墙地装修新做法、水电设备装修新做法、门窗装修新做法、凳桌床家具装修新做法、柜类装修新做法、空间装修新做法及其他流行装修新做法速查等内容。本书内容新颖、图文并茂，同时注重知识的拓展，读者能一目了然地了解装修新做法并直接借鉴参考。

本书可供从事装饰装修、建筑施工的技术员、设计师、管理人员、技术工人、施工人员，以及大中专院校相关专业师生、技能培训速成班师生、自由职业者、自学人员、业主阅读，还可供装饰装修公司和建筑公司进行职业培训时参考。

图书在版编目（CIP）数据

快学装修流行新做法 / 阳鸿钧等编著 . —北京：化学工业出版社，2023.6

ISBN 978-7-122-43196-7

Ⅰ . ①快… Ⅱ . ①阳… Ⅲ . ①住宅 - 室内装修 Ⅳ . ① TU767.7

中国国家版本馆 CIP 数据核字（2023）第 053785 号

责任编辑：彭明兰　　文字编辑：冯国庆

责任校对：宋　玮　　装帧设计：韩　飞

出版发行：化学工业出版社（北京市东城区青年湖南街 13 号　邮政编码 100011）

印　　装：大厂聚鑫印刷有限责任公司

710mm×1000mm　1/16　印张 14¼　字数 235 千字　　2023 年 8 月北京第 1 版第 1 次印刷

购书咨询：010-64518888　　售后服务：010-64518899

网　　址：http：//www.cip.com.cn

凡购买本书，如有缺损质量问题，本社销售中心负责调换。

定　　价：**78.00 元**

前言

曾经流行的一些装修做法，也许如今已被淘汰或者逐渐被淘汰，其原因可能是其实用性差，或者是外观不符合现代人的审美，抑或是新技术、新材料、新工艺、新产品、房屋新特点、标准规范等助推了其必须改变。总之，新的装修做法、现在流行的装修做法比传统、经典的装修做法应更符合新趋势和新要求，美观且实用！为了便于读者学习装修新做法，特精心策划了本书。

本书包括顶棚装修新做法、墙地装修新做法、水电设备装修新做法、门窗装修新做法、凳桌床家具装修新做法、柜类装修新做法、空间装修新做法，及其他流行装修新做法速查等内容。本书具有以下特点。

1. 内容新颖。本书主要介绍了现下流行的装修做法。

2. 表现直观。将经典传统做法与新做法用图片一一对比，优劣一目了然。

3. 图文结合。新做法中重点内容采用双色表现，清晰直观。

4. 注重拓展。对新材料、新技术、新做法采用单独的小栏目形式进行详细讲解，方便读者借鉴参考。

总之，装修新做法——打破以前，符合当下，实用性、装饰性更强，布置“永不过时”的家。装修新做法——值得学习、值得借鉴，装修用得着。

本书由阳育杰、阳鸿钧、阳许倩、欧小宝、许四一、阳红珍、许满菊、许小菊、阳梅开、阳苟妹等人员参加编写或支持编写，并且得到了一些同行、朋友、有关单位的帮助，以及参考了有关资料。在此，向他们表示衷心的感谢！

由于时间有限，书中难免存在不足之处，敬请读者批评、指正。

目 录

第 1 章　顶棚装修新做法　001

1.1　厨房装珐琅板　002
1.2　厨房吊顶选择蜂窝铝大块板　003
1.3　客厅吊顶安装框架铺吸音棉　005
1.4　阳台吊顶新做法　006
1.5　卧室吊顶中有梁的处理做法　008
1.6　卧室吊顶的处理做法　011
1.7　双眼皮吊顶做法　013
1.8　新型石膏线吊顶　016
1.9　石膏板转角七字角防开裂做法　018
1.10　靠近窗户梁的装修处理做法　020
1.11　钛金条吊顶做法　021
1.12　新型吊顶边吊做法　024
1.13　悬浮吊顶做法　026
1.14　局部吊顶渐流行　030

第 2 章　墙地装修新做法　032

2.1　厨房去白色美缝流行做灰色美缝　033
2.2　客厅沙发背面墙挖个洞做法　034
2.3　不做复杂电视背景墙的做法　035
2.4　客厅墙面不装瓷砖的做法　040
2.5　客厅不装木质、瓷砖踢脚线做法　043
2.6　踢脚线齐平墙面新做法　044

2.7 卧室不放电视柜改为挖洞的做法 046
2.8 卧室墙面采用乳胶漆做法 047
2.9 钛金条电视背景墙做法 049
2.10 墙上装饰线减少甚至不再用的做法 052
2.11 卧室墙面留着白，视频投影直接用做法 053
2.12 卫生间挖洞收纳做法 054
2.13 卫生间不挖洞改为嵌入式瓷砖角隔板做法 059
2.14 卫生间横长方洞做法 061
2.15 客厅地面不做波导线，全屋通铺做法 062
2.16 厨房客厅地面通铺做法 064
2.17 不再装大理石过门石，全屋通铺做法 065
2.18 卫生间选小块地砖便于找坡做法 067
2.19 不采用常规地漏，采用新型地漏做法 068

第 3 章 水电设备装修新做法 070

3.1 正五孔插座别全部用的做法 071
3.2 插座“反着装”的做法 072
3.3 一键式灯光开关的做法 073
3.4 厨房电器采用带开关插座的做法 075
3.5 电视背景墙插座不外露的做法 076
3.6 滚筒洗衣机插座不放背面的做法 078
3.7 过道安装卫生间开关与地脚灯的做法 079

3.8 新型灯——线性灯的应用做法 081
3.9 槽中安装灯的做法 083
3.10 玄关安装感应灯的做法 084
3.11 衣柜内部安装感应灯的做法 086
3.12 玄关设计紫外线消毒灯的做法 087
3.13 使用磁吸轨道灯的做法 089
3.14 主灯辅灯均设计的做法 091
3.15 床头不放台灯，安装小吊灯的做法 092
3.16 客厅采用无主灯的做法 094
3.17 水电点对点走线的做法 095
3.18 侧吸型抽油烟机不会碰头的做法 099
3.19 冰箱流行选择对开门的做法 100
3.20 空调孔洞往外倾斜的做法 102
3.21 卧室不装挂机而装风管机的做法 104
3.22 客厅不装立式空调的做法 105
3.23 不装吊装投影机，改用落地移动投影机的做法 108
3.24 洗菜盆选择台下盆的做法 110
3.25 洗漱台旁边安装带开关插座的做法 111
3.26 智能马桶旁左边安装插座，右边安装高压喷头的做法 113
3.27 洗脸盆墙排水的做法 114
3.28 马桶排管高出地面 5~10mm 的做法 116

第 4 章 门窗装修新做法 118

4.1 不再使用复杂门套的做法 119
4.2 阳台不做推拉窗，改用断桥铝平开窗的做法 120
4.3 厨房不装推拉门，改用吊滑门的做法 122

4.4 卫生间推拉门地面轨道与地面高度差的做法 123
4.5 卫生间门不采用平开门，采用轨道玻璃门的做法 124
4.6 卫生间门下缘留 3cm 缝隙通风的做法 126
4.7 卫生间门选择极窄边框长虹门的做法 127
4.8 浴室选择固定式单玻璃门的做法 128
4.9 不装矮房门，房门一门到顶的做法 129

第 5 章 凳桌床家具装修新做法 132

5.1 玄关处换鞋凳更显担当的做法 133
5.2 餐厅采用抽拉式餐桌的做法 134
5.3 方桌圆桌选择不纠结的做法 136
5.4 餐厅不用固定长方形餐桌的做法 137
5.5 客厅不用转角沙发的做法 141
5.6 做地台铺大床垫的做法 142
5.7 不选择矮脚家具的做法 143

第 6 章 柜类装修新做法 145

6.1 厨房地柜不着地悬空 150mm 的做法 146
6.2 厨房设计阶梯式吊柜的做法 147
6.3 厨房高低台“别踩坑”的做法 148
6.4 厨房台面采用 R 形一体化挡水条的做法 151
6.5 橱柜流行做无挡水条的做法 152
6.6 橱柜做高光柜门，不做肤感柜门的

做法 153
6.7 不选有门把手的橱柜，选免拉手设计的做法 155
6.8 厨房转角做钻石转角柜的做法 160
6.9 厨房不做转角橱柜的做法 161
6.10 厨房固定吊柜改上翻柜的做法 162
6.11 餐边柜流行同色封边的做法 164
6.12 鞋柜采用旋转架的做法 165
6.13 鞋柜采用抽拉伞架的做法 167
6.14 鞋柜开通气孔的做法 168
6.15 柜到顶设计封板的做法 170
6.16 定制柜往往采用“藏”式布局的做法 171
6.17 客厅沙发下做地台柜的做法 173
6.18 电视柜悬空的做法 174
6.19 卧室进门衣柜外侧改薄侧柜的做法 177
6.20 悬空洗漱台的做法 179
6.21 不做床头柜，改用悬浮书桌（柜）的做法 180
6.22 大厨房采用红砖砌 + 瓷砖组成橱柜的做法 182
6.23 窗台与橱柜台面平齐的做法 183
6.24 鞋柜抽拉镜子的做法 184
6.25 去掉单独的床头柜，衣柜设计书桌、床头柜 186
6.26 采用橱柜抽屉碗篮的做法 187
6.27 橱柜原地脚线做抽屉的做法 189
6.28 衣柜抽屉改为放门衣柜外的做法 190
6.29 杆架代替衣柜的做法 192

6.30　采用排骨架榻榻米的做法　194
6.31　藏八露二柜的做法　195

第 7 章　空间装修新做法　197

7.1　淋浴区防水至少超过 1.8m 的做法　198
7.2　浴室不做常规挡水条的做法　199
7.3　厨房装双槽的做法　201
7.4　客卫干湿分离的做法　202
7.5　阳台不装晾衣架改侧面安装的做法　205
7.6　阳台侧面满墙改为书桌 + 储物柜的做法　207
7.7　走廊尽头做收纳柜的做法　208

第 8 章　其他流行装修新做法速查　210

8.1　玄关其他新做法　211
8.2　厨房其他新做法　211
8.3　客厅其他新做法　213
8.4　卫生间其他新做法　214
8.5　卧室其他新做法　214
8.6　餐厅其他新做法　215
8.7　其他项新做法　215

附录　书中相关及扩展视频汇总　217

chapter
one

第1章

顶棚装修新做法

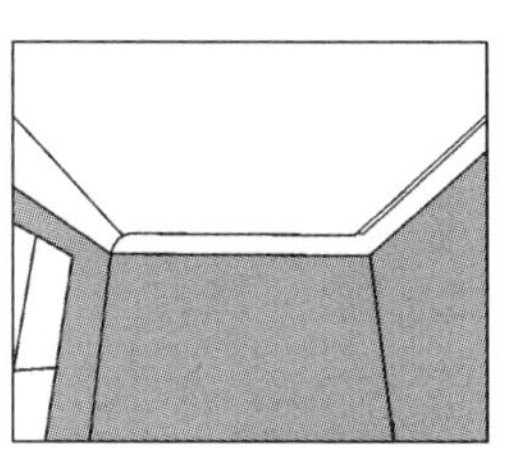

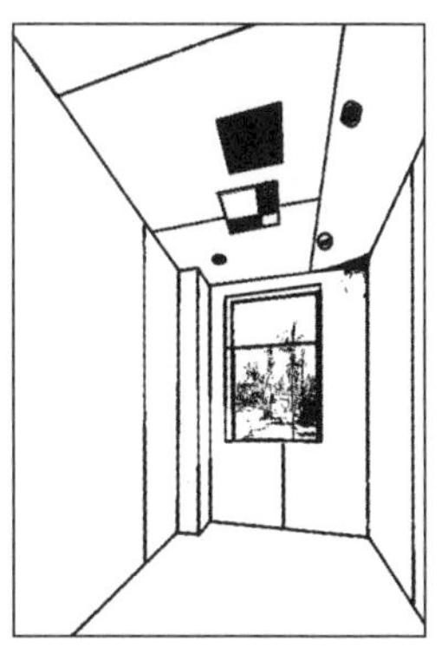

1.1 厨房装珐琅板

以前， 厨房墙面往往采用瓷砖装修，具有缝隙不容易清洁等缺点

[经典传统做法]

以前，厨房墙面采用瓷砖装修，具有缝隙不易清洁、施工周期长等缺点。

现在， 厨房墙面采用珐琅板装修，没有缝隙，具有清洁更容易，防火性能也好，装饰性不输瓷砖等特点

【新做法】

现在，厨房墙面采用珐琅板，利用珐琅板能够做整板，减少缝隙，具有防火、易清洁等的特点，比较适合在厨房环境中使用。

直击新材料——珐琅板

珐琅板，其实就是搪瓷钢板，其板材厚度大约 0.5mm，安装在墙上非常平整，具有极简、实用、好用等特点。

① 磁吸珐琅板可以吸带磁铁的物件。珐琅板表面经过搪瓷处理，既耐高温又防油污。

② 珐琅板表面可以写字，也可用来做画画墙。

③ 珐琅板的基层要平整，可以直接贴在瓷砖上，木工板先打底再贴珐琅板，也可安装在刷过乳胶漆的墙面上、批过腻子的墙面上、没有刷乳胶漆水泥整平的墙面上等。

施工易上手——安装与处理

安装做法： 采用硅胶 + 双面胶固定安装形式。四周采用双面胶临时固定，中间采用双面胶以十字架形固定，中间空格全部采用硅胶打 S 形后再粘贴珐琅板。

阳角位置处理：阳角位置采用阳角条处理。阴角位置处理：可以采用打美缝剂处理。

1.2　厨房吊顶选择蜂窝铝大块板

[经典传统做法]

以前，厨房吊顶选择常规铝扣板，以便维修，但是美观度不够。

以前， 厨房吊顶选择常规铝扣板，以便维修，但是美观度不够

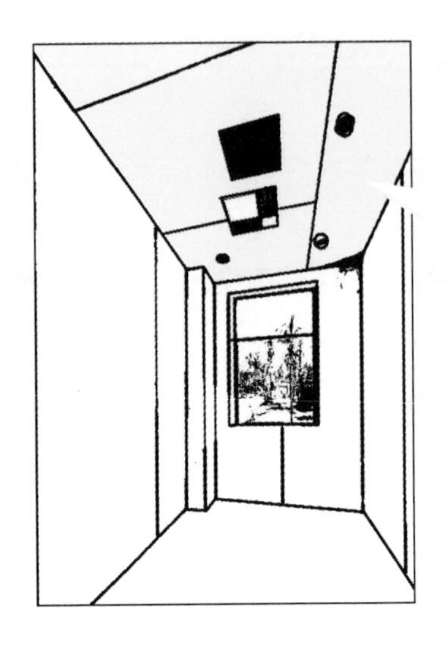

现在，厨房吊顶选择蜂窝铝大块板吊顶，透气、上档次、容易打理

【新做法】

现在，厨房吊顶选择蜂窝铝大块板吊顶，透气、上档次、容易打理。

装修法宝

① 蜂窝铝大块板采用铝合金基材，一般由底板、侧板、蜂窝芯等组成。

② 蜂窝铝大块板尺寸大，比普通铝扣板厚重。蜂窝铝大块板厚度有 7mm、9mm 等。7mm 厚的蜂窝铝大块板适合吊顶。9mm 的蜂窝铝大块板更适合墙面、背景墙等空间装修。

③ 选择蜂窝铝大块板时，尽量选择高密度蜂窝板（具有强度高、防冲击性更好、更耐用等特点）。

④ 模块化的平板灯、吸顶灯略显呆板，无法与蜂窝铝大块板相辅相成。无主灯设计，层次感丰富。筒灯、射灯、线形灯与蜂窝铝大块板相辅相成，视觉空间更灵动。

1.3　客厅吊顶安装框架铺吸音棉

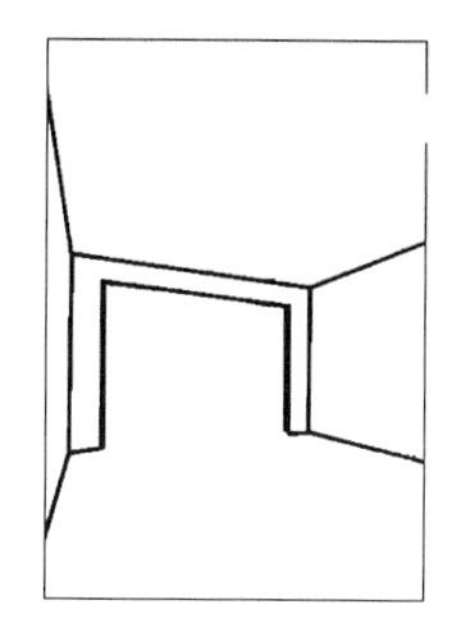

经典与传统，房屋吊顶上没有安装吸音棉,难免听见楼上噪声

[经典传统做法]

以前，房屋吊顶上没有安装吸音棉，难免听见楼上噪声。

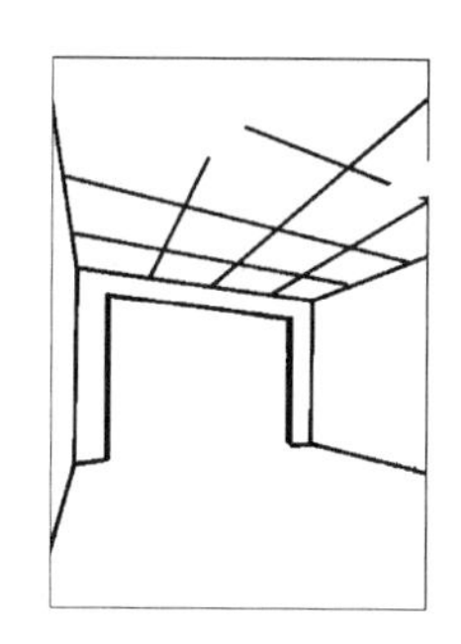

流行与现在，客厅吊顶安装框架铺吸音棉(吸音板)，可以减少楼上噪声的干扰

【 新做法 】

现在，客厅吊顶安装框架铺吸音棉（吸音板），可以减少楼上噪声的干扰。

装修
法宝

吸音棉（吸音板）与隔音棉

① 吸音棉，多为纤维材质，开孔结构。其主要功能是吸收噪声，以及衰减

噪声。

② 声音经过吸音棉，会减弱或消失，但是可能会反射声音。

1.4 阳台吊顶新做法

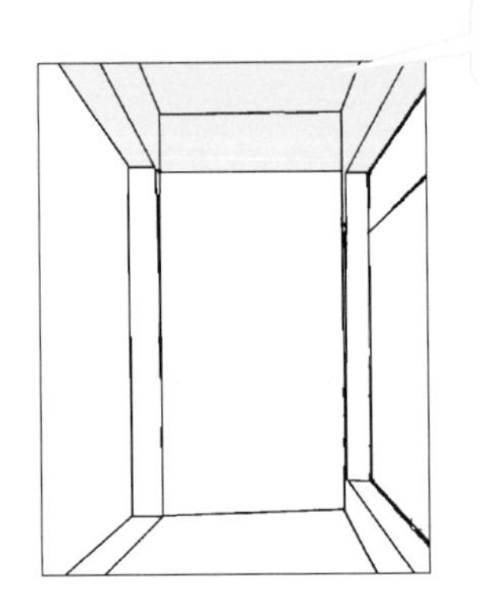

[经典传统做法]

以前，阳台吊顶采用刮白等吊顶方式。

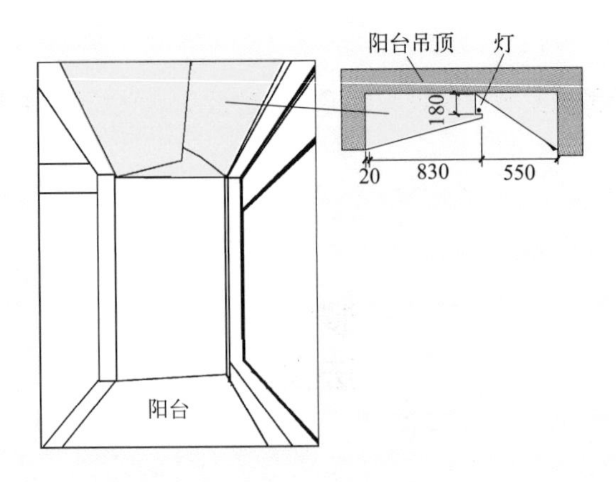

【 新做法 】

现在，阳台吊顶采用简单处理方式。

装修法宝

阳台吊顶的处理

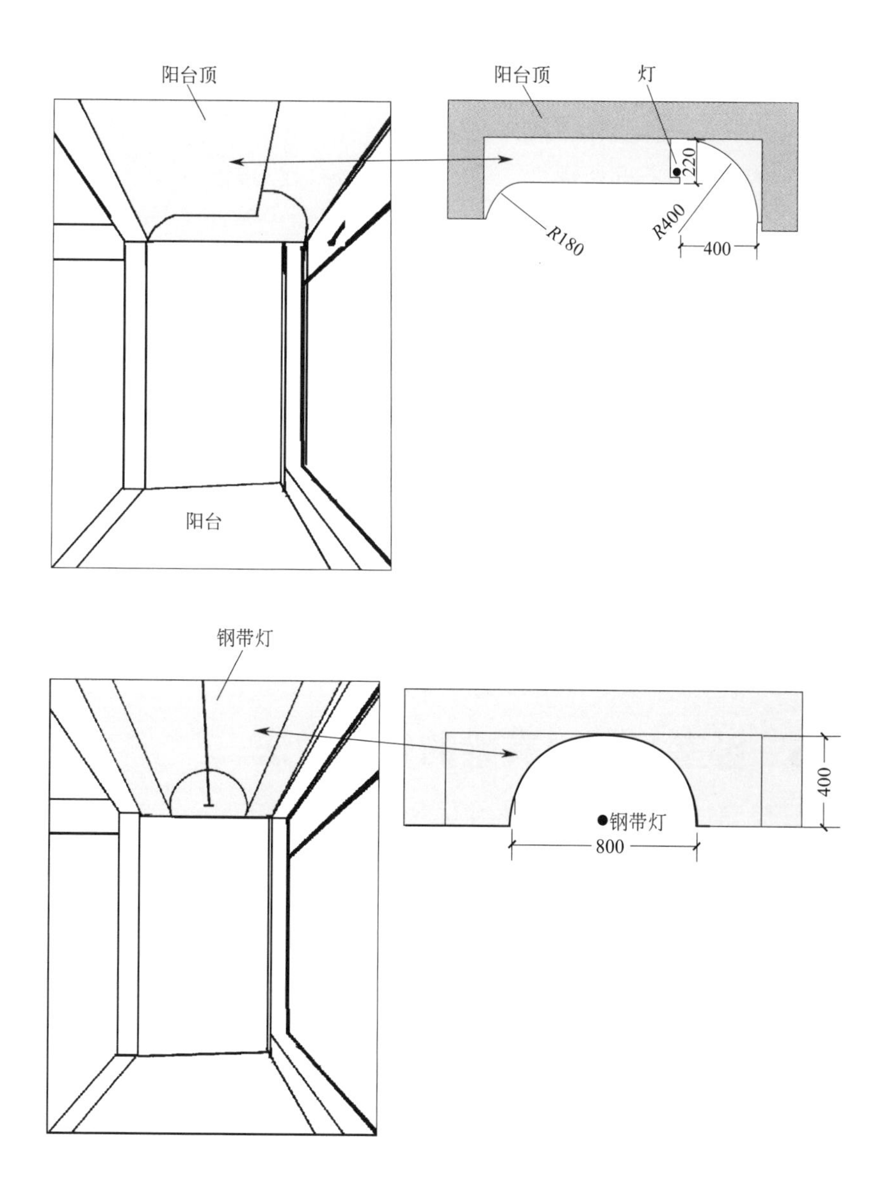

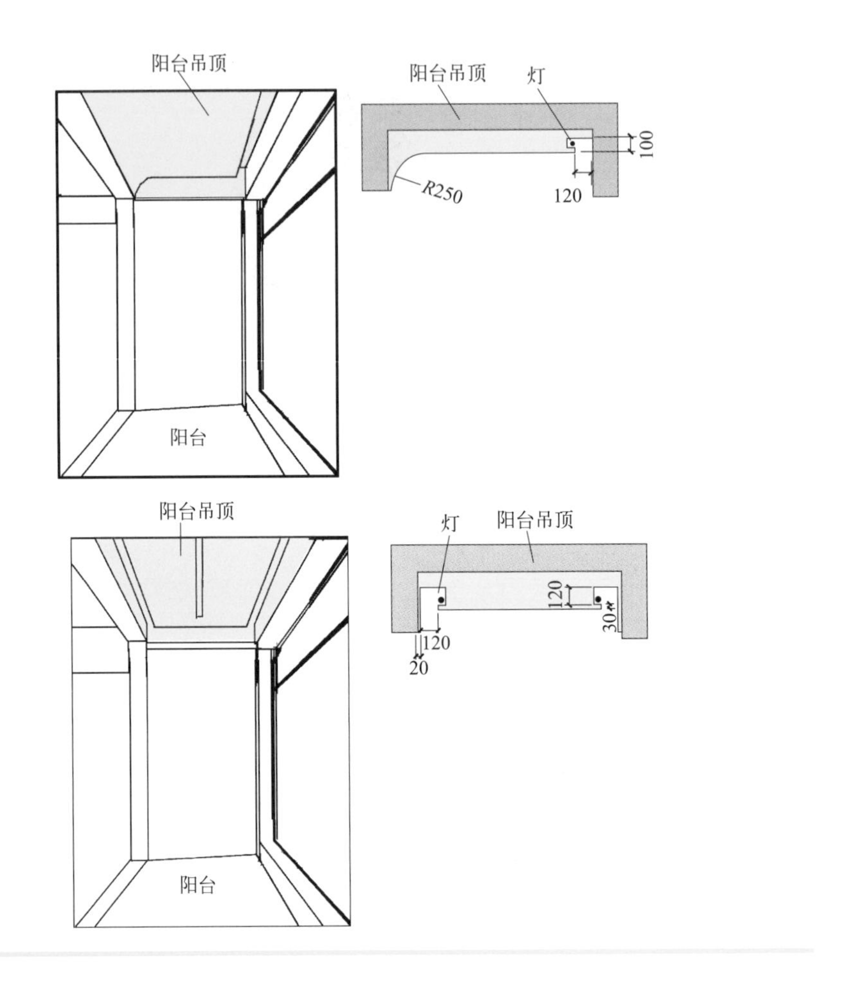

1.5 卧室吊顶中有梁的处理做法

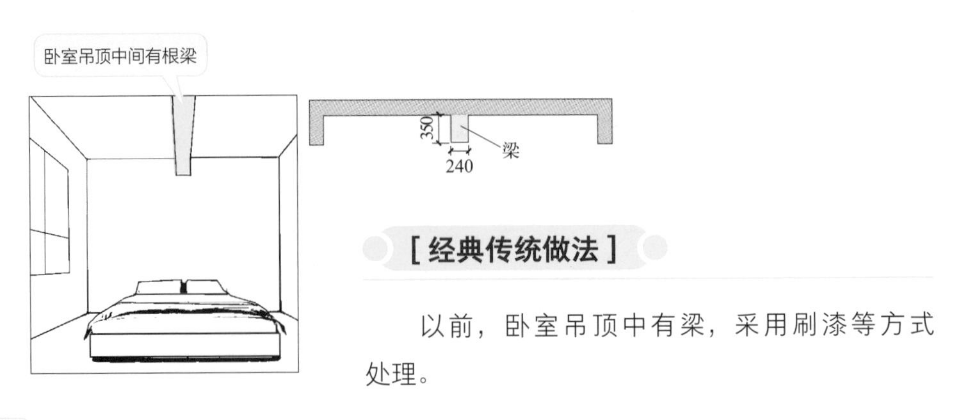

[经典传统做法]

以前，卧室吊顶中有梁，采用刷漆等方式处理。

卧室吊顶中间有根梁

梁
R350
100
1040
500

【新做法】

现在，卧室吊顶中有梁均采用一定的装修处理。

装修
法宝

卧室吊顶中有梁的处理做法

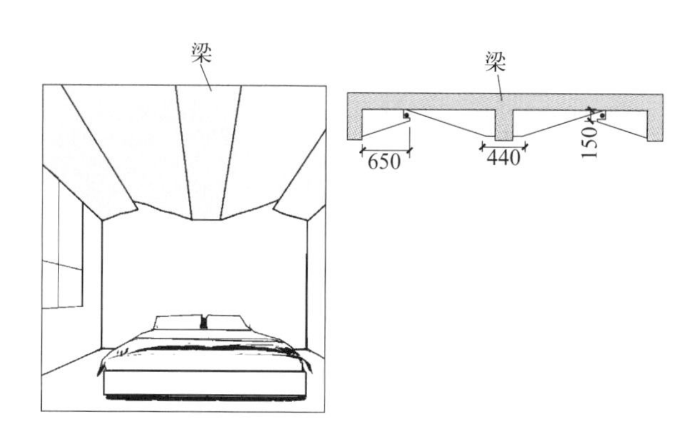

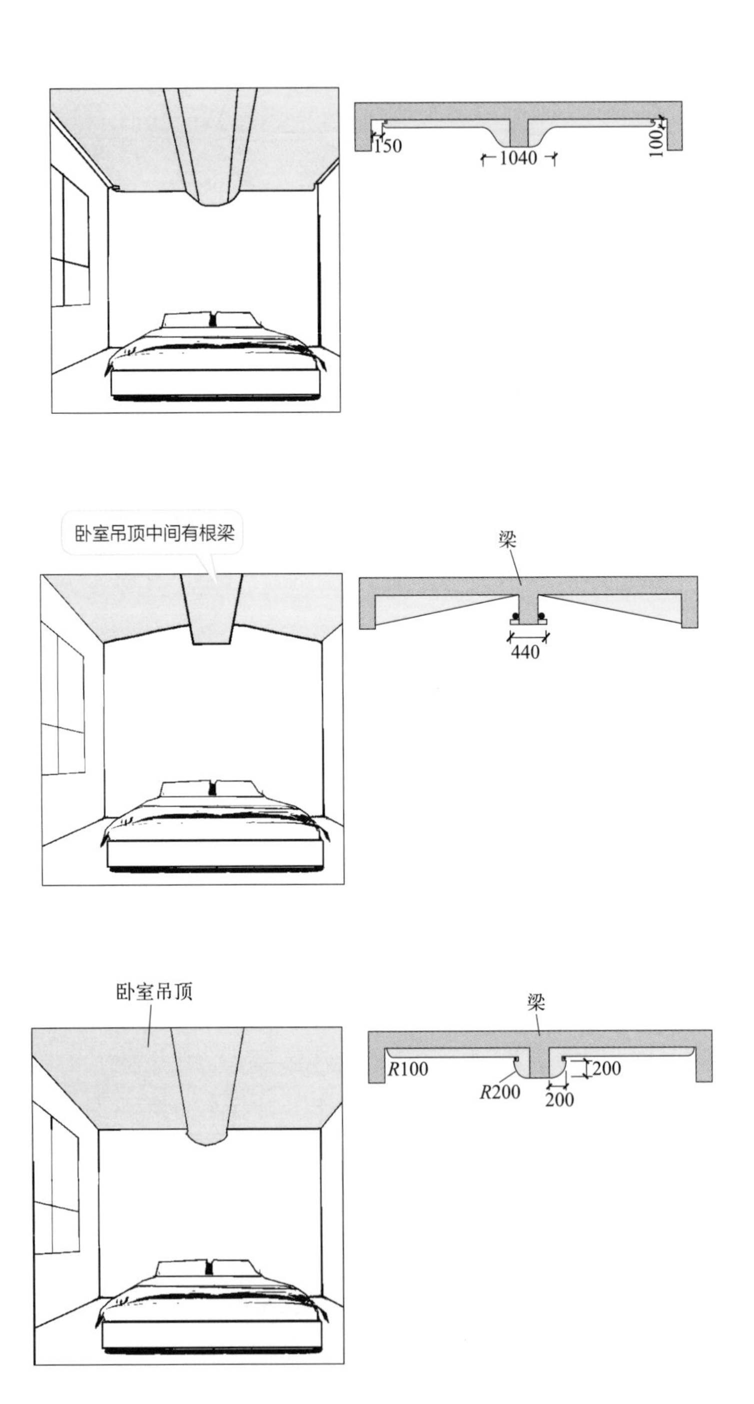
150
1040
100
卧室吊顶中间有根梁
梁
440
卧室吊顶
梁
R100
R200
200
200

1.6　卧室吊顶的处理做法

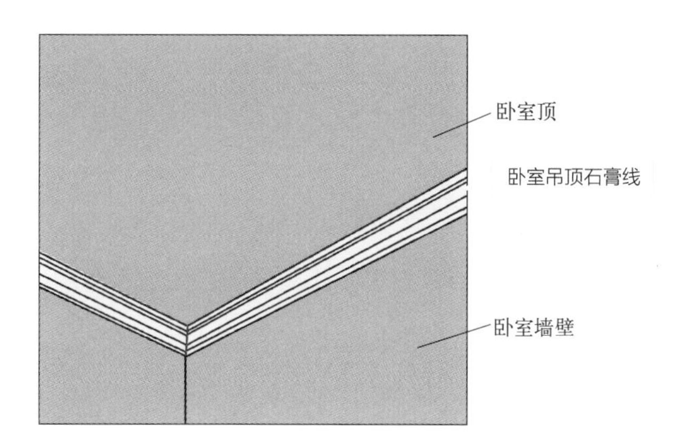

[经典传统做法]

以前，卧室吊顶采用简洁的石膏线吊顶等。

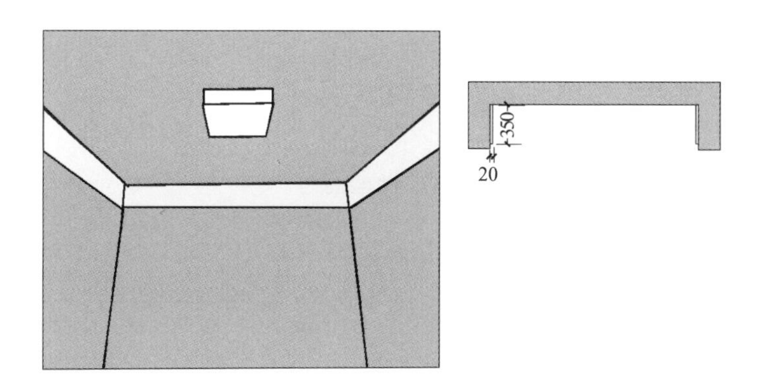

【新做法】

现在，卧室吊顶采用一些新型做法。

装修法宝

卧室吊顶的处理做法

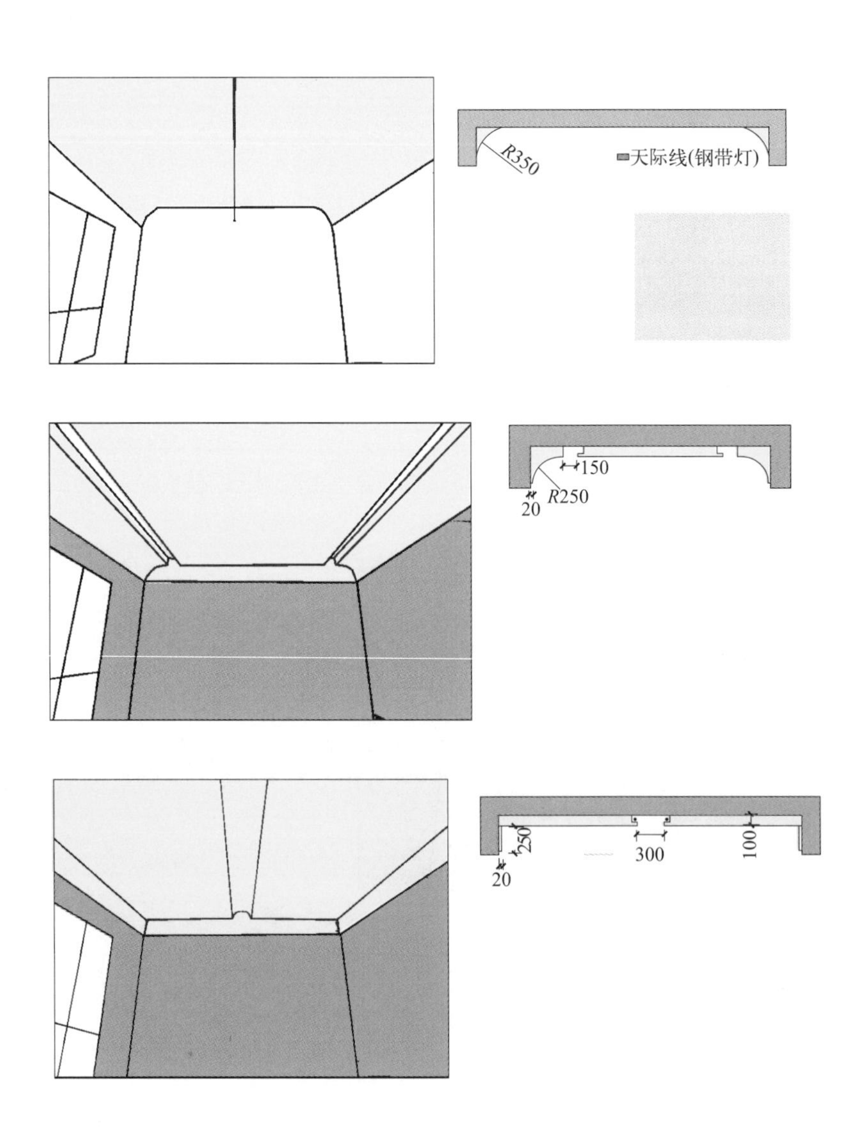

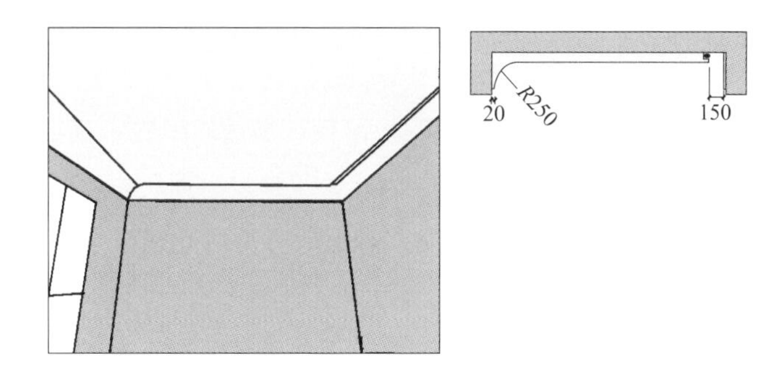

1.7　双眼皮吊顶做法

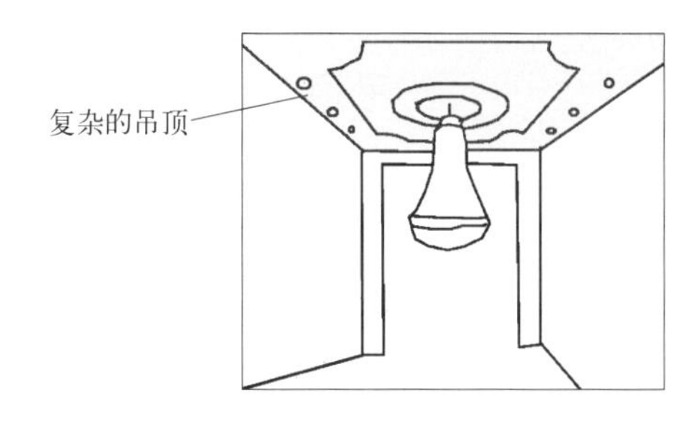

[经典传统做法]

以前，往往采用复杂的吊顶。

窄边双眼皮吊顶尺寸

高度一般为20~30cm

顶

1层12mm厚石膏板

•

2层9mm厚石膏板

•

3cm

墙壁

地面

顶

墙壁

1层12mm厚石膏板

3cm

2层9mm厚石膏板

窄边双眼皮吊顶

【新做法】

现在，双眼皮吊顶类型有窄边双眼皮吊顶、宽边双眼皮 + 顶板双眼皮吊顶、双眼皮 + 石膏线吊顶、三眼皮吊顶等。为此，双眼皮吊顶尺寸没有一个硬性的规定，需要在常规尺寸的基础上进行模数、数据尺寸协调处理。

吊顶

① 目前，许多商品房层高为 2.6 ~ 2.8m，采用传统吊顶，可能影响层高。如果采用双眼皮吊顶，不但不影响空间的层高，而且具有一定的美感。

② 双眼皮吊顶，就是常采用两层石膏板，其高度一般为 20 ~ 30cm。如果需要隐藏中央空调或有窗帘盒的，则高度会选取 30cm。

③ 双眼皮吊顶，边吊两层板子的落差控制在 3 ~ 5cm。

④ 边吊表层石膏板厚度为 12mm，底层石膏板厚度为 9mm，也可以两层叠加。

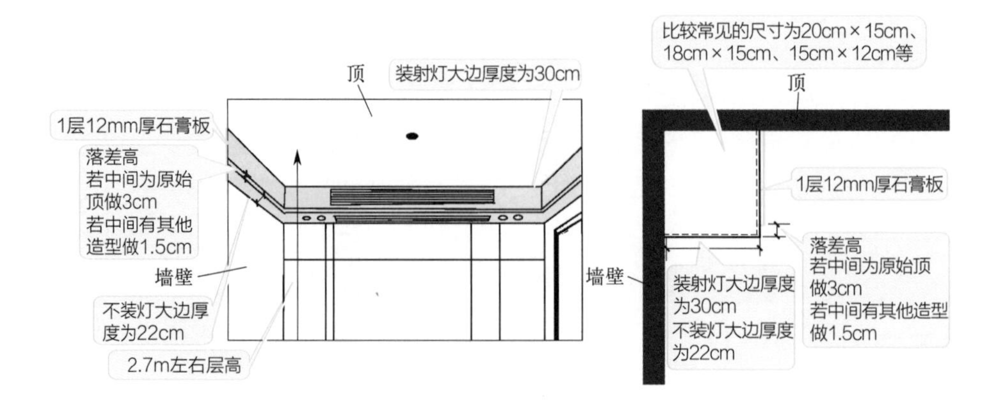

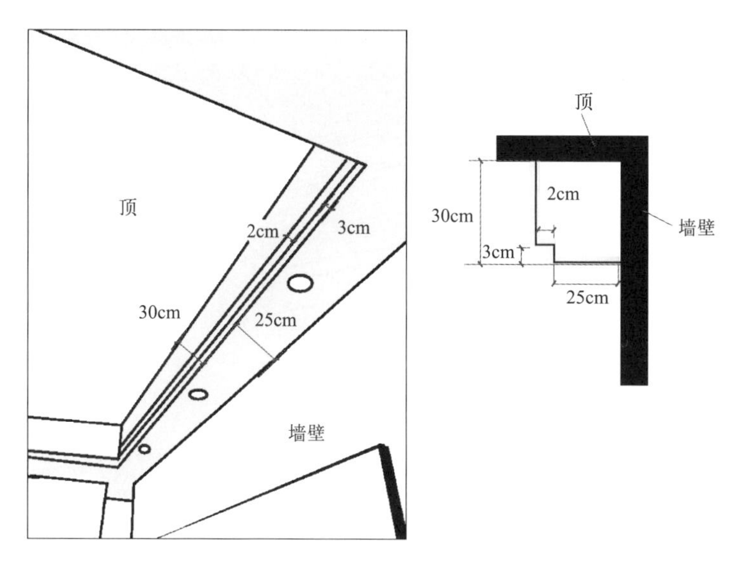

宽双眼皮吊顶尺寸

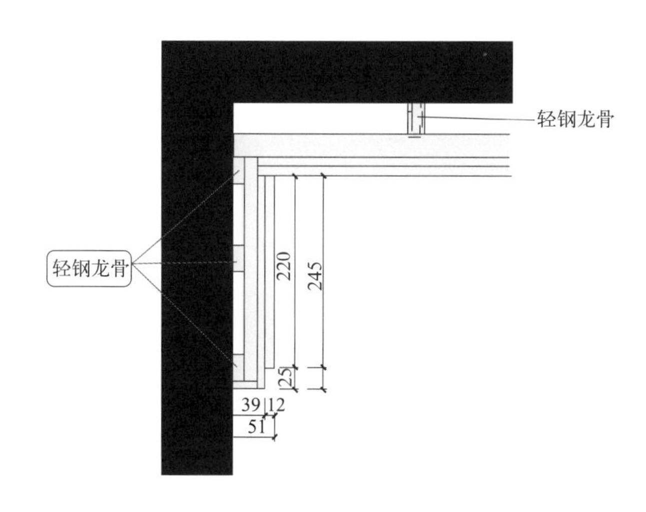

轻钢龙骨双眼皮吊顶尺寸（单位：cm）

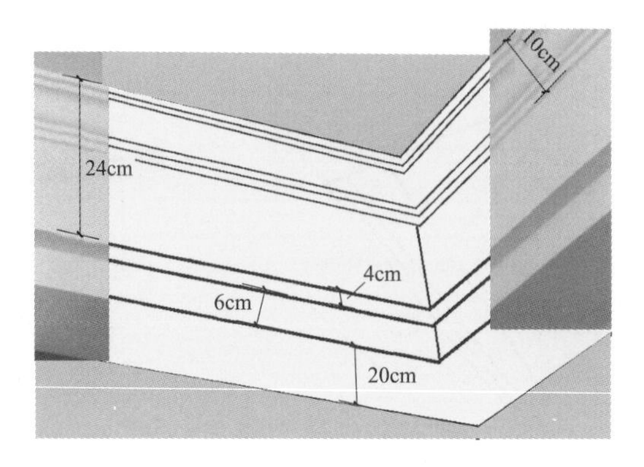

双眼皮 + 石膏线吊顶尺寸

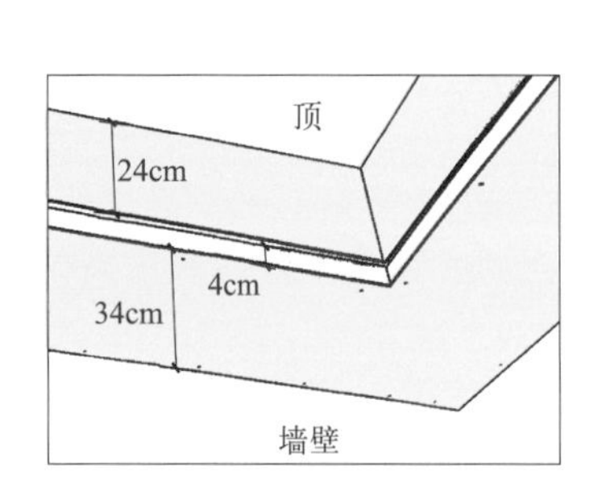

双眼皮 + 金属条吊顶尺寸

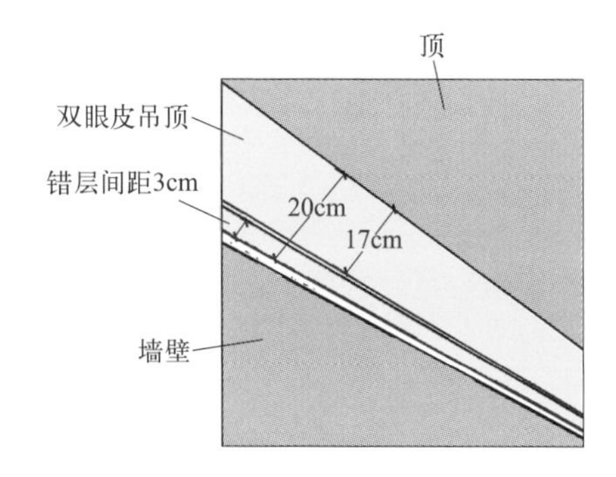

其他双眼皮吊顶尺寸

1.8 新型石膏线吊顶

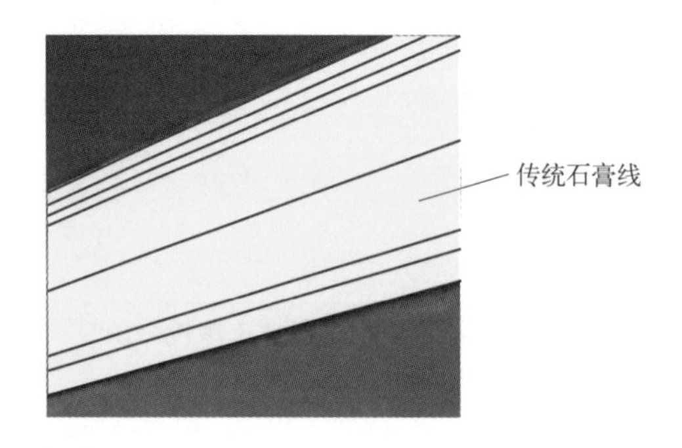

[经典传统做法]

以前，吊顶采用传统石膏线。传统石膏线拼接缝缝宽要求为 1 ~ 1.5mm。

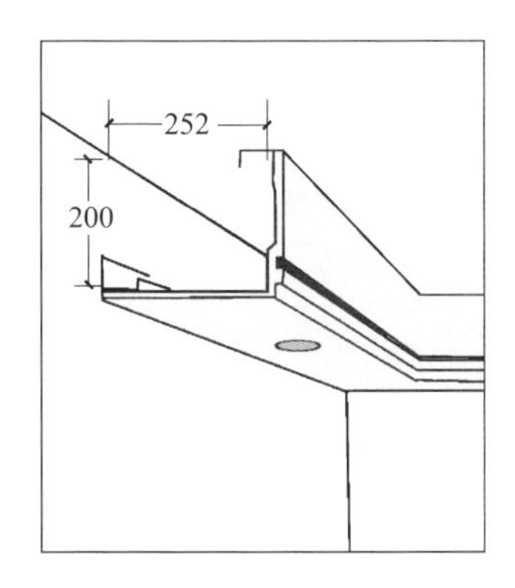

【新做法】

现在，有的新型石膏线具有带灯、钛金条等特点。

装修
法宝

新型石膏线吊顶

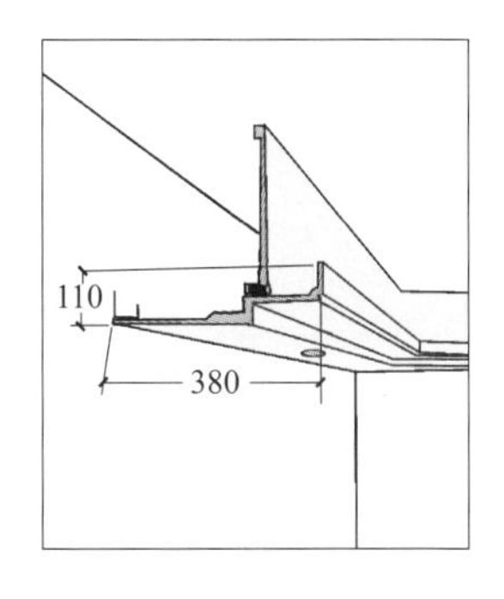

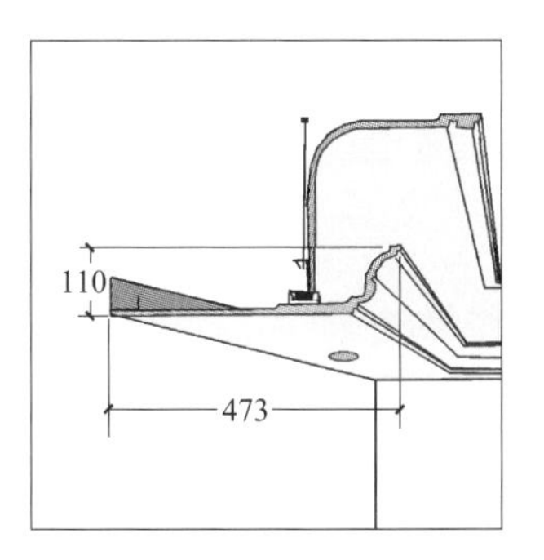

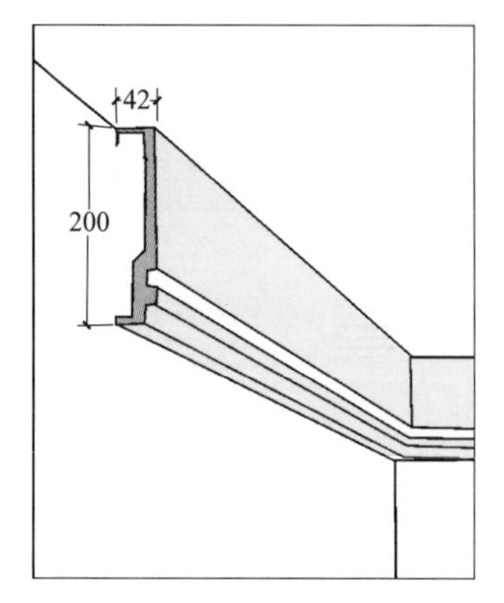

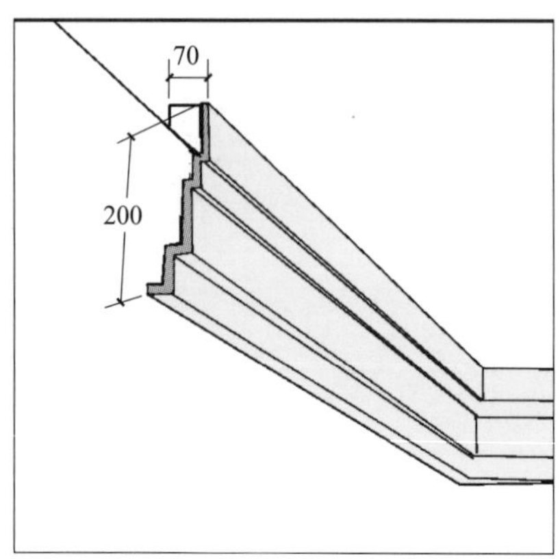

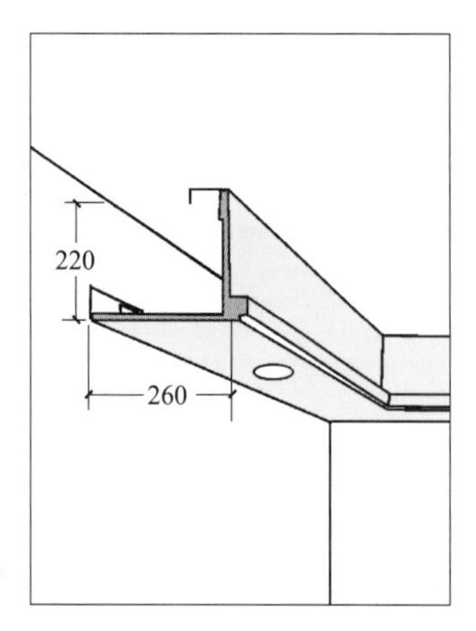

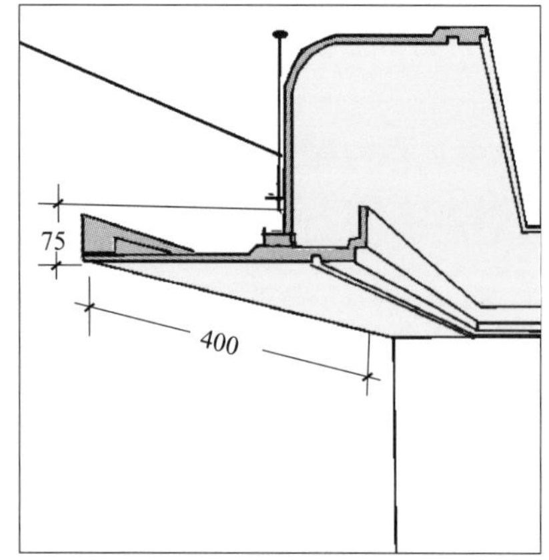

1.9 石膏板转角七字角防开裂做法

[经典传统做法]

以前，石膏板转角直接采用拼接板，可以节省施工时间。

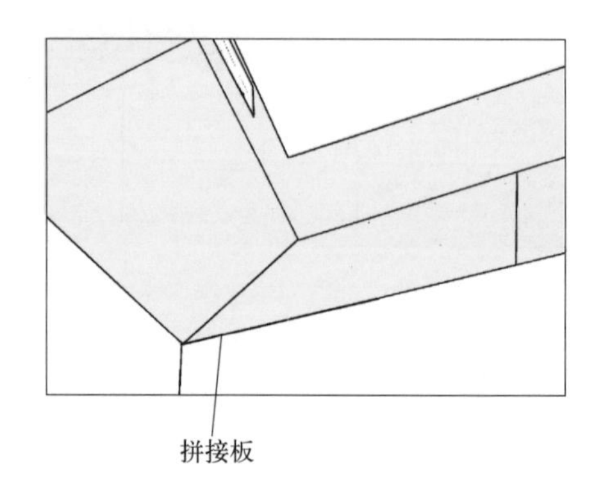

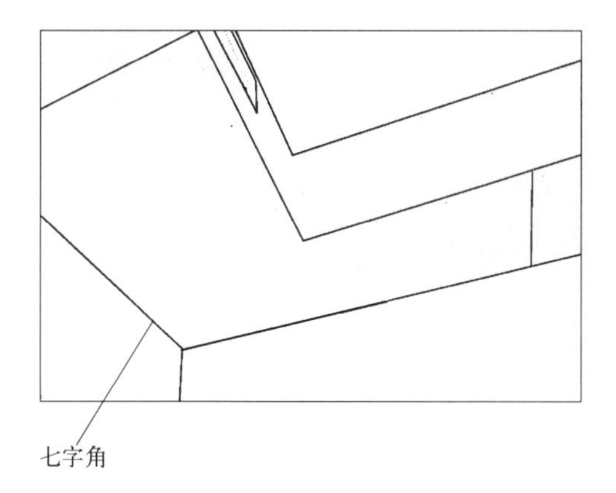

【新做法】

现在，石膏板转角直接采用拼接板，容易出现裂缝现象。采用七字角则可以防止开裂。

装修法宝

石膏板的应用

① 石膏板做背景墙造型；石膏板做假墙；石膏板做造型拱门；石膏板隐藏空调管机；石膏板预留窗帘盒；石膏板吊顶。

② 石膏板的固定，首先画均匀格子线，然后用螺钉固定。

③ 吊顶石膏板阳角，采用砂布打磨。

④ 吊顶石膏板直角、平整度要符合要求。

1.10 靠近窗户梁的装修处理做法

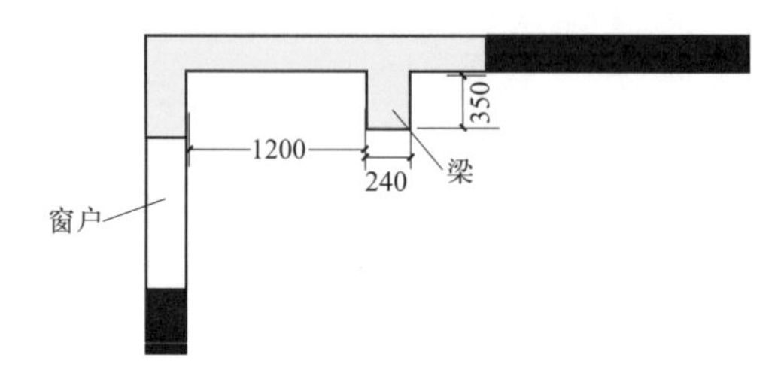

[经典传统做法]

以前，靠近窗户顶上有根梁，不做任何处理。

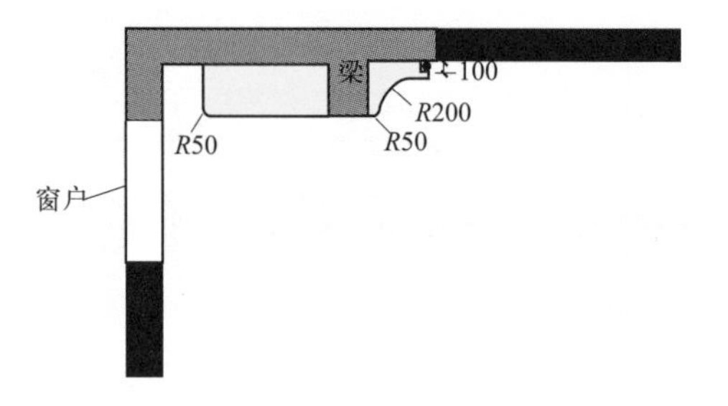

【 新做法 】

现在，靠近窗户顶上有根梁，做不同的装修处理。

靠近窗户顶上梁的装修处理

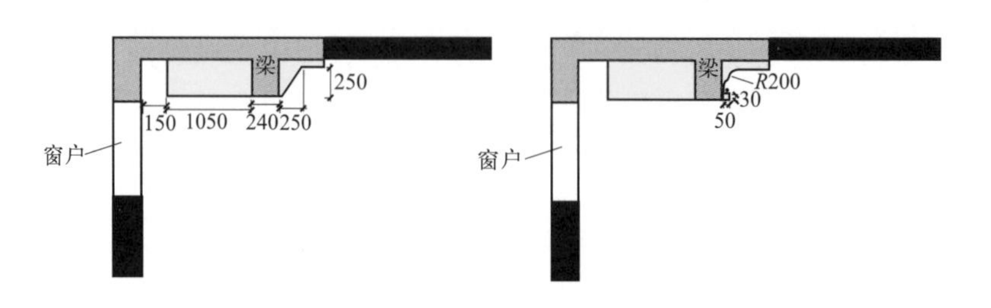

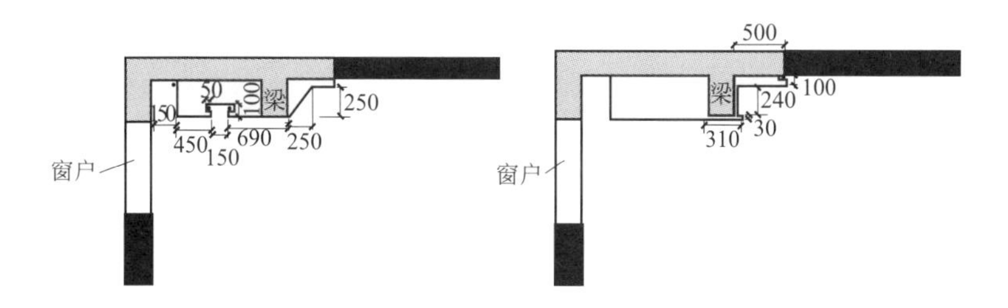

1.11　钛金条吊顶做法

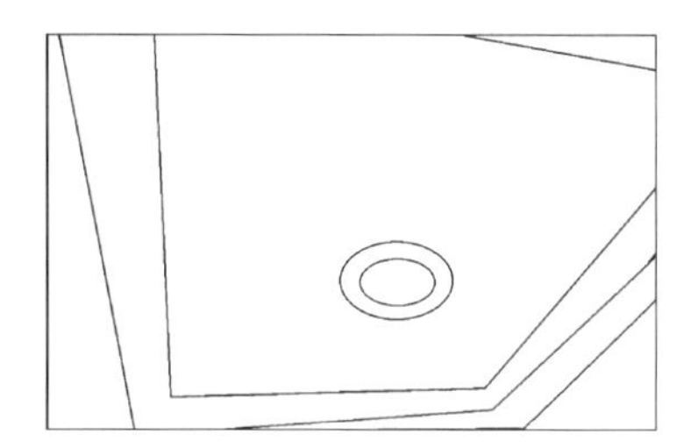

[经典传统做法]

以前，吊顶不采用钛金条。

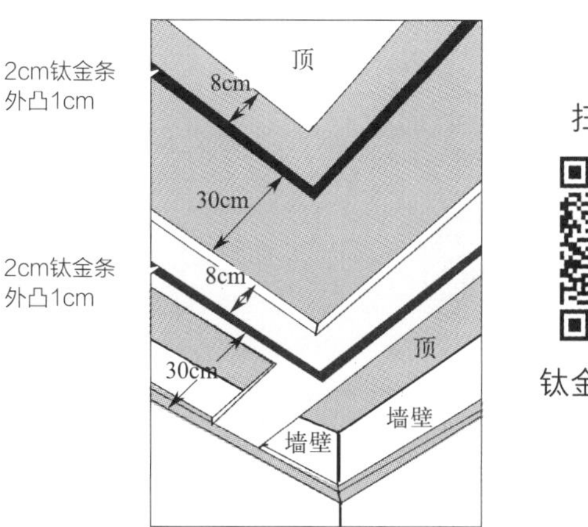

扫码看视频

钛金条吊顶做法

【 新做法 】

现在，吊顶流行采用钛金条，装修美感凸显。

装修
法宝

吊顶采用钛金条的案例

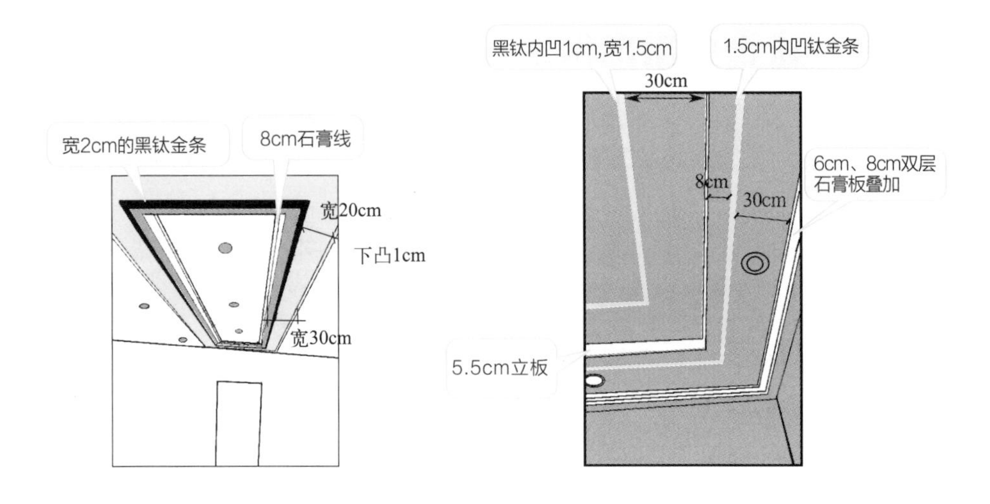
宽2cm的黑钛金条
8cm石膏线
宽20cm
下凸1cm
宽30cm
黑钛内凹1cm,宽1.5cm
1.5cm内凹钛金条
30cm
8cm
30cm
6cm、8cm双层
石膏板叠加
5.5cm立板

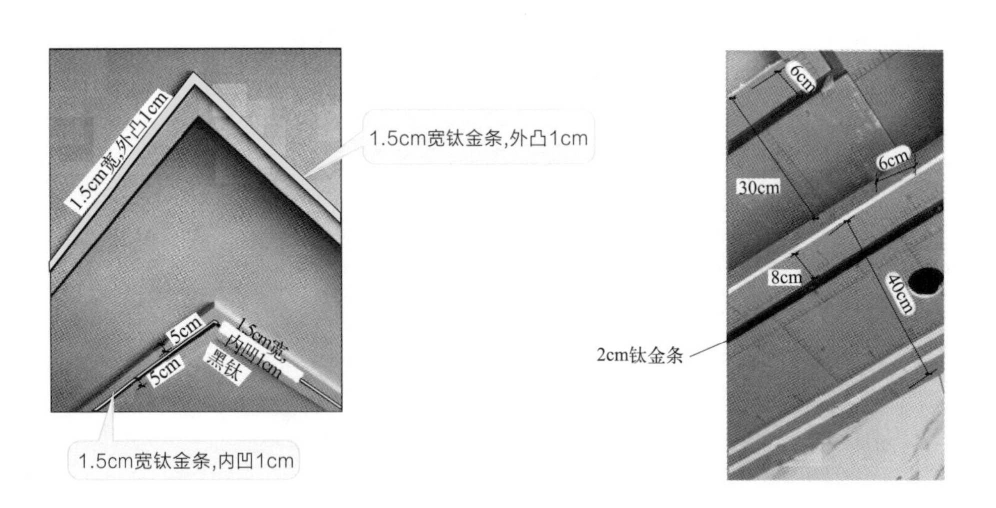
1.5cm宽,外凸1cm
1.5cm宽钛金条,外凸1cm
5cm
5cm
1.5cm宽,
内凹1cm,
黑钛
1.5cm宽钛金条,内凹1cm
6cm
30cm
6cm
8cm
40cm
2cm钛金条

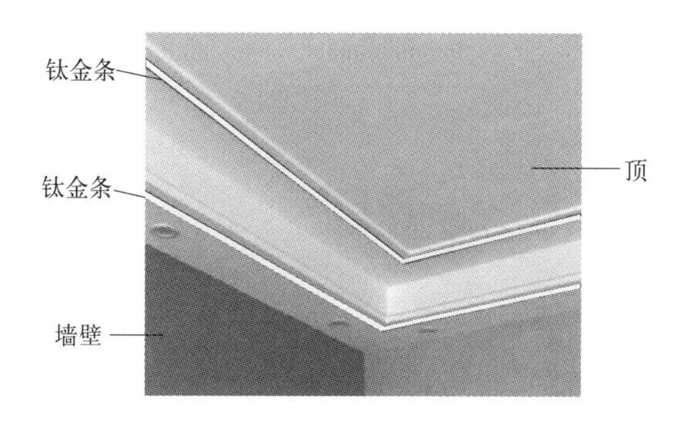
钛金条
钛金条
顶
墙壁

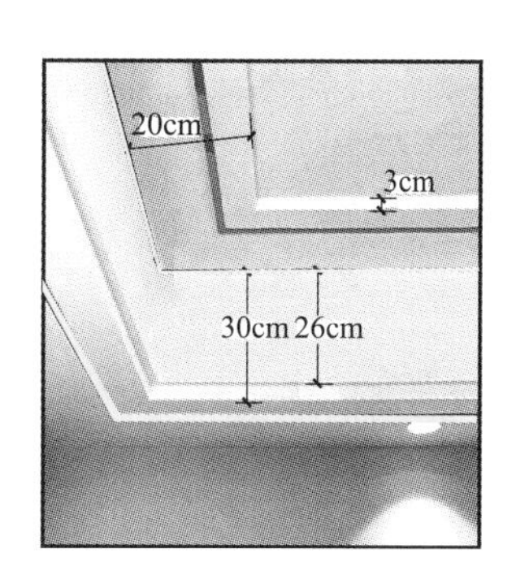
20cm
3cm
30cm
26cm

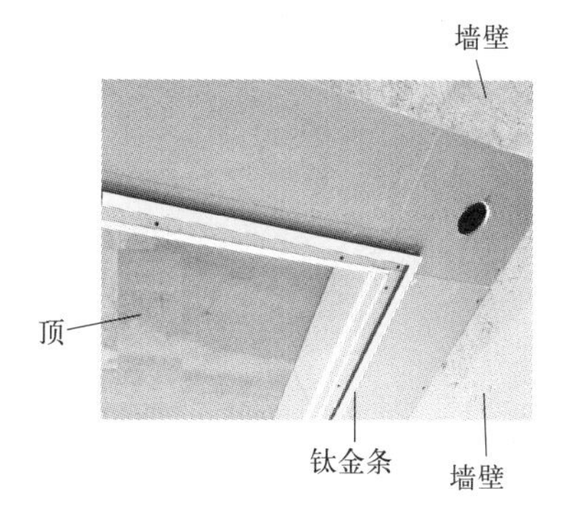
墙壁
顶
钛金条
墙壁

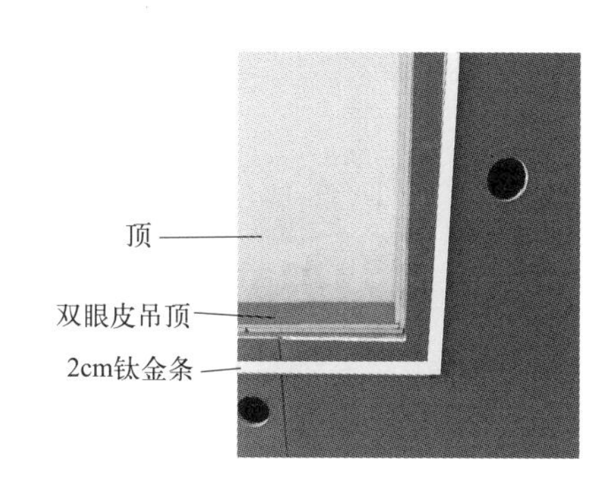
顶
双眼皮吊顶
2cm钛金条

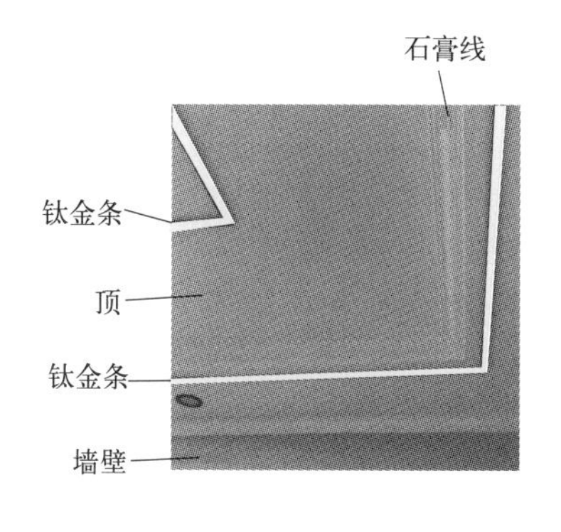
石膏线
钛金条
顶
钛金条
墙壁

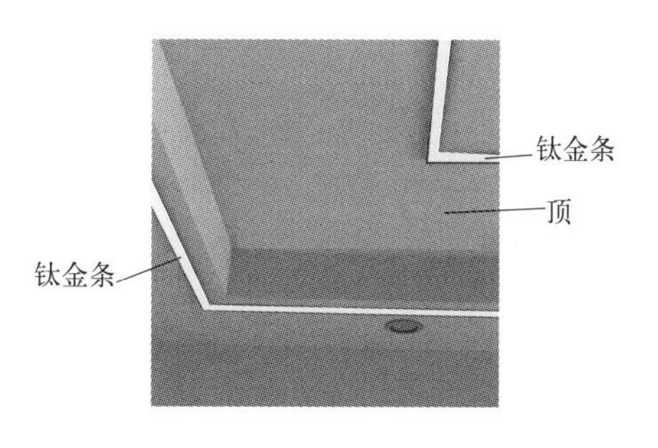
钛金条
顶
钛金条

1.12 新型吊顶边吊做法

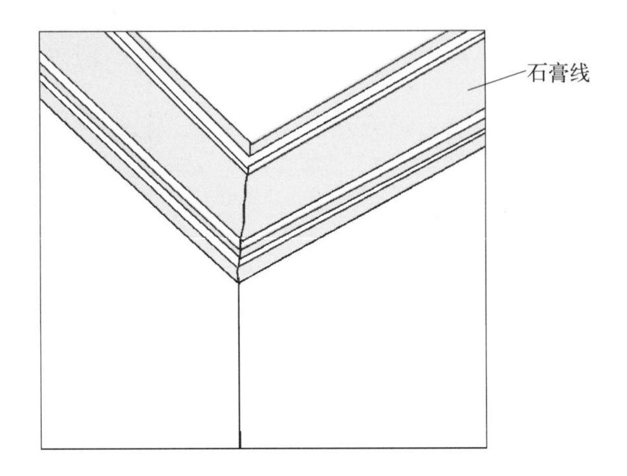

[经典传统做法]

以前，吊顶边吊往往采用普通石膏线。

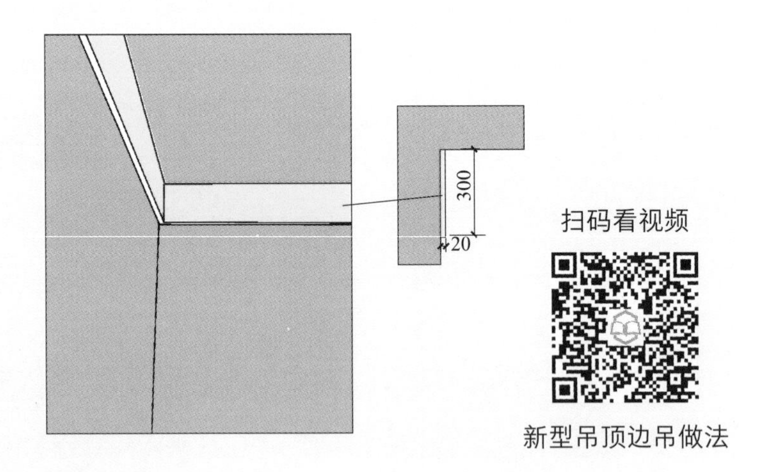

扫码看视频

新型吊顶边吊做法

【新做法】

现在，往往采用新型吊顶边吊。

装修法宝

吊顶边吊

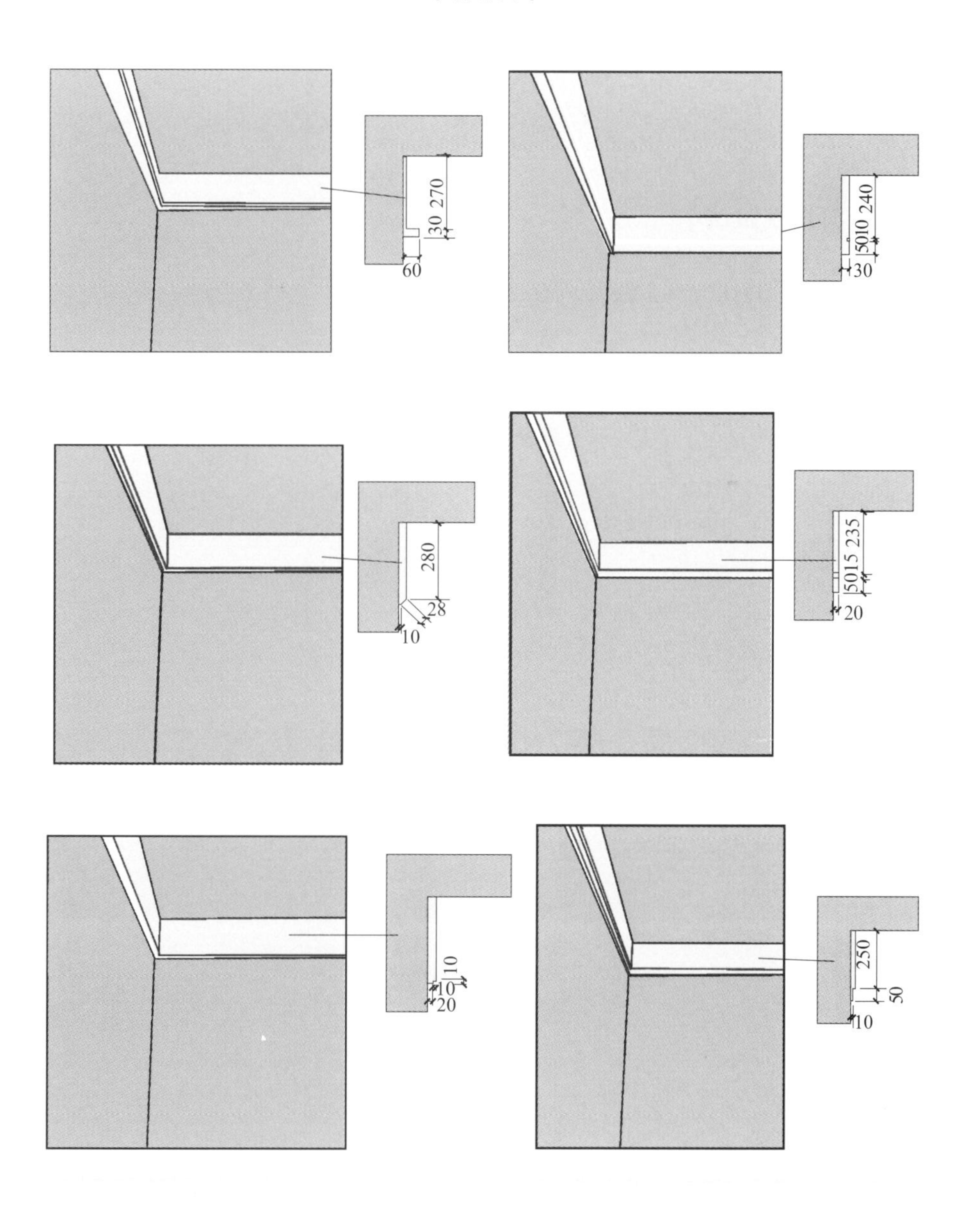

1.13 悬浮吊顶做法

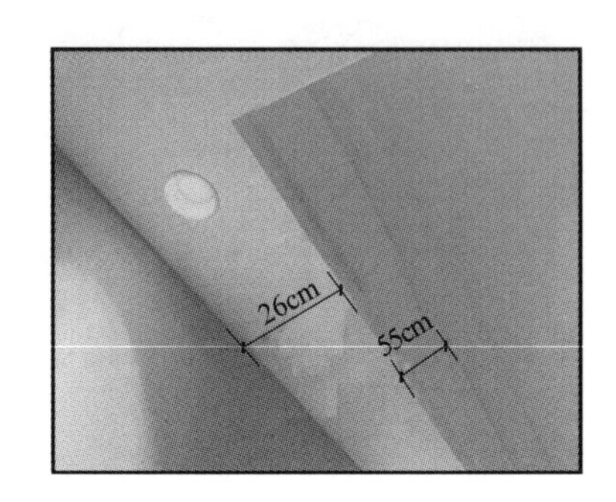

[经典传统做法]

以前，采用欧式、中式等吊顶方式。

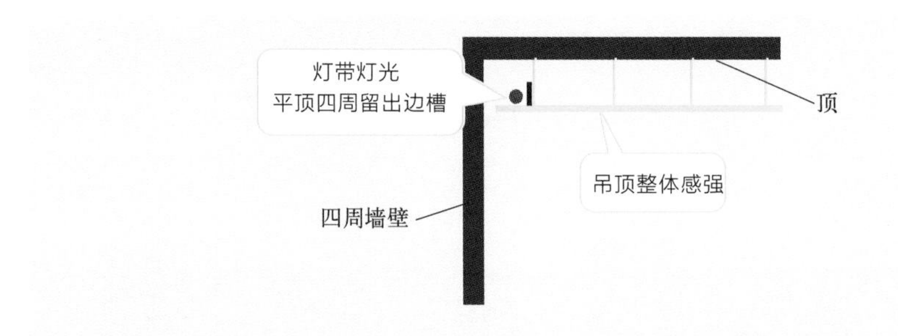

【新做法】

现在，采用新型吊顶——悬浮吊顶。

悬浮吊顶

① 悬浮吊顶，可以在顶面的四周留边槽，可以做灯带，也可以无灯带。另

外，还可以在四周设置金属线。

② 悬浮吊顶，有完整悬浮吊顶、分隔悬浮吊顶等类型。

③ 悬浮吊顶的灯槽一般安装在中间吊顶四周，隐藏在吊顶上方，深度通常为 100 ~ 120mm。

④ 悬浮吊顶，采用平面吊顶搭配四周双眼皮吊顶，具有高低错落的效果。

⑤ 悬浮吊顶，可以搭配磁吸式轨道灯。一般磁吸式轨道灯距离墙面大约 550mm，至少要 500mm 以上。

⑥ 悬浮吊顶中加入金属线条装饰，会更有立体感。

⑦ 对于悬浮吊顶，需要把握好边顶、中间吊顶、灯槽、留边缝等项目。

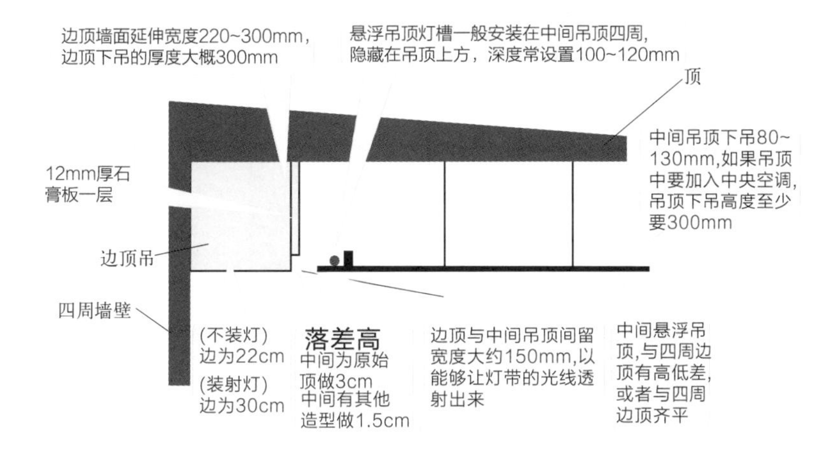

悬浮吊顶

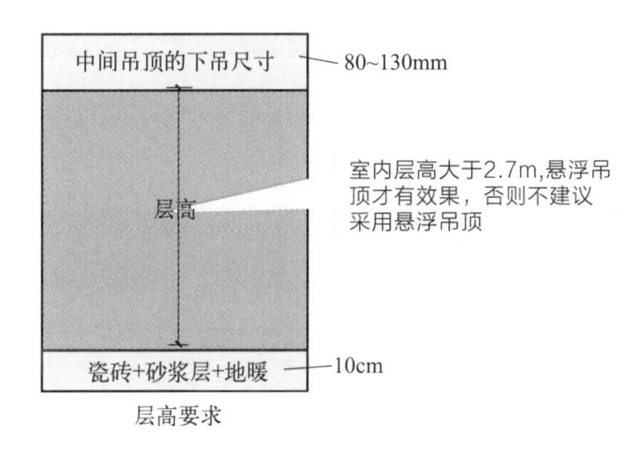

层高要求

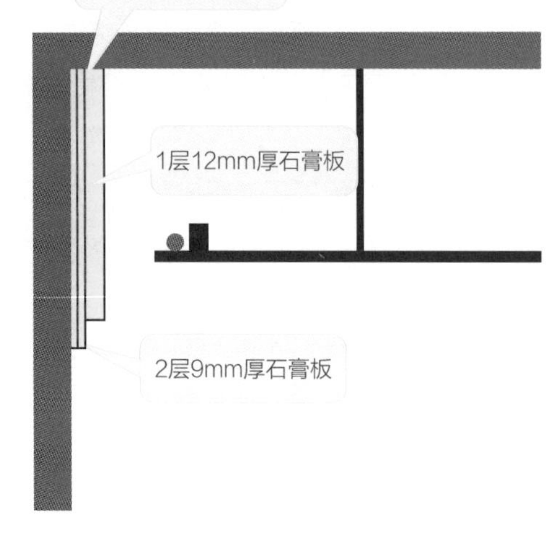
窄边双眼皮吊顶边顶
1层12mm厚石膏板
2层9mm厚石膏板

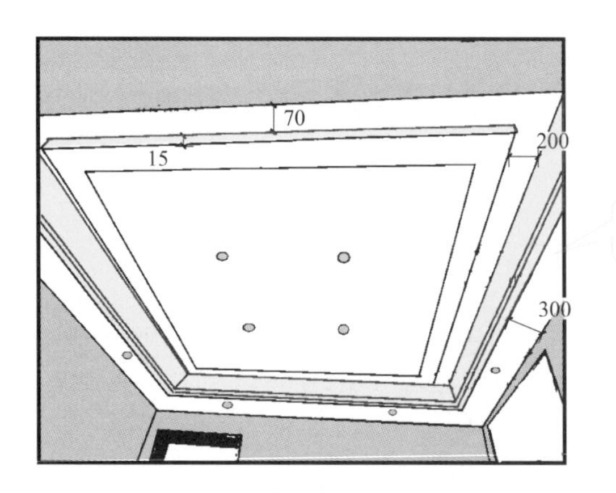
70
15
200
300
悬浮吊顶

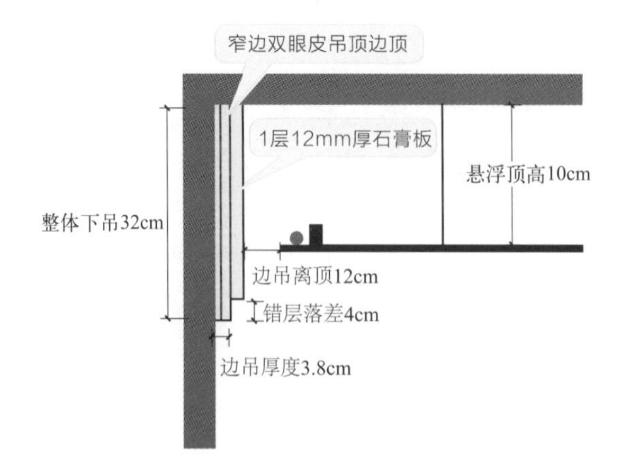
窄边双眼皮吊顶边顶
1层12mm厚石膏板
悬浮顶高10cm
整体下吊32cm
边吊离顶12cm
错层落差4cm
边吊厚度3.8cm

双眼皮吊顶边顶悬浮吊

悬浮吊顶灯槽参考尺寸

层高2.4m以下的空间:
灯槽深度100mm左右
灯槽宽度100mm左右

层高3m以下的空间:
灯槽深度100~150mm
灯槽宽度100~120mm

层高3m以上的空间:
灯槽深度200mm以上
灯槽宽度不超过200mm

双眼皮吊顶边顶

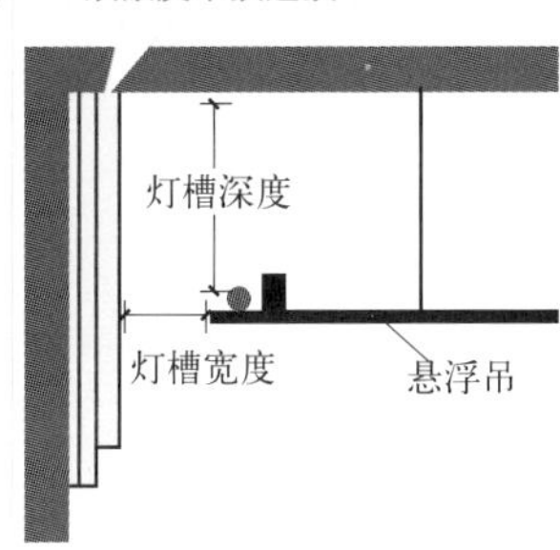

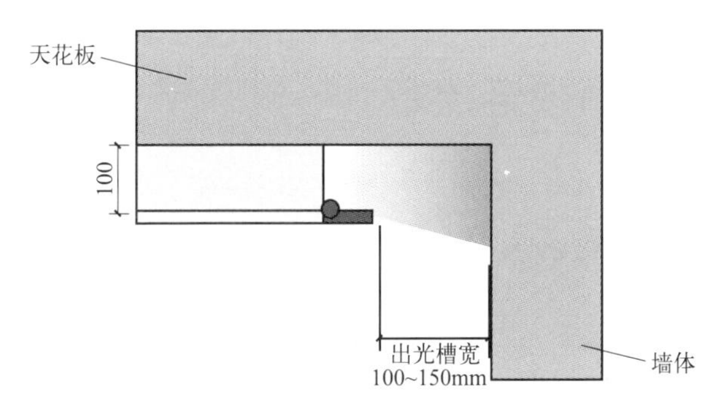

悬浮吊顶灯槽灯45° 斜上出光

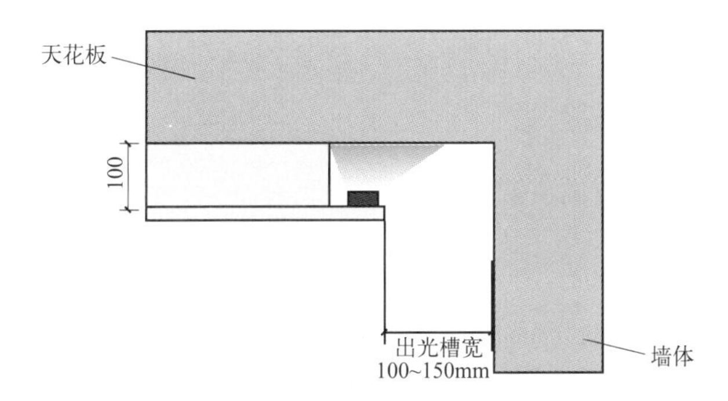

悬浮吊顶灯槽灯向上出光

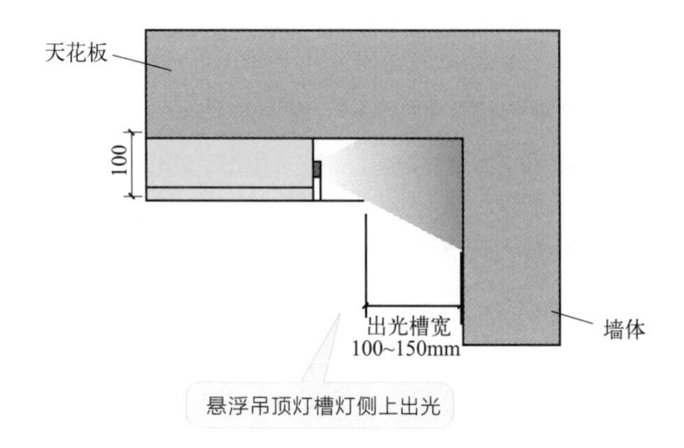

1.14 局部吊顶渐流行

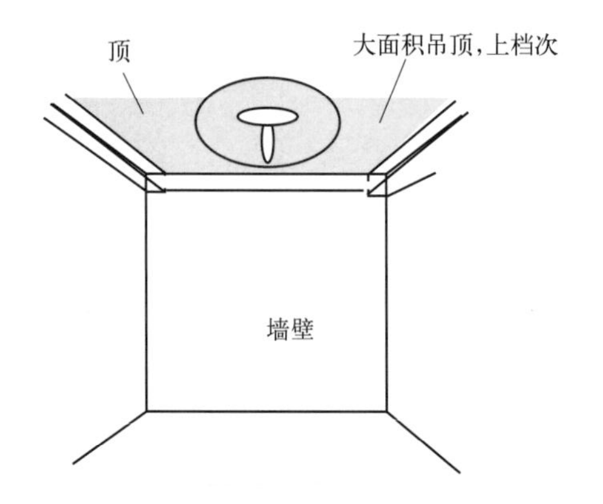

[经典传统做法]

以前，房屋层高较高，大面积吊顶，上档次。

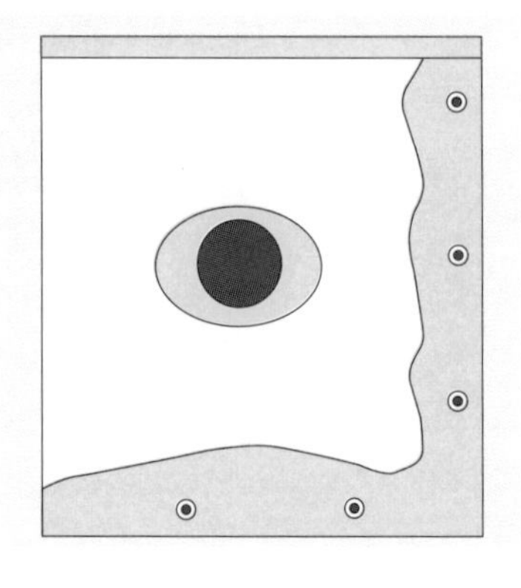

【新做法】

现在，房屋层高较低，大面积吊顶，会有压抑感。为此，采用局部吊顶，活跃空间，带来舒适感。局部吊顶可以是天花板四周吊顶，中间留灯池，或者采用双眼皮吊顶。

装修法宝

局部吊顶

① 局部吊顶，仅对安装设备与其管道等项目进行规划、隐藏等装修处理。

② 利用灯光布置，实现天花板局部吊顶。

③ 利用某些分层实现局部吊顶。

④ 采用石膏线实现局部吊顶。

第2章

墙地装修新做法

2.1　厨房去白色美缝流行做灰色美缝

［经典传统做法］

以前，厨房采用白色美缝，也就是美缝颜色与瓷砖同颜色搭配方式。

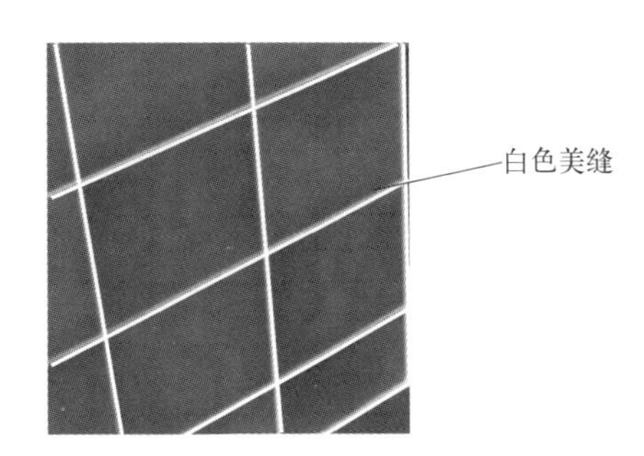

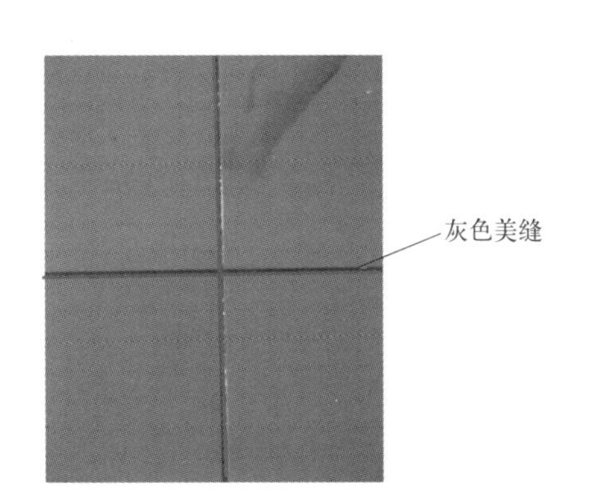

【新做法】

现在，厨房采用灰色美缝，打理方便些。

装修法宝

厨房美缝

① 厨房美缝颜色的考虑：美缝颜色与瓷砖颜色的搭配、美缝颜色与橱柜颜色对比搭配、美缝颜色与台面颜色对比搭配、美缝颜色与整体颜色的搭配。

② 美缝颜色与瓷砖同色搭配，色相明度均相同。该搭配强调瓷砖整体铺贴效果，弱化美缝观感。一般适合大规格瓷砖、细缝、无缝铺贴瓷砖等情况。

③ 美缝颜色与瓷砖使用同色，但是深浅上做变化。该搭配强调在整体墙面

装饰颜色的基础上，丰富颜色层次，塑造墙面瓷砖立体效果。一般适合纯色瓷砖、纯色瓷砖 + 拼图等。

④ 美缝颜色与瓷砖无色系搭配，黑白灰三种颜色，黑白灰深浅变化。

⑤ 美缝颜色与瓷砖对比色搭配，例如黄色瓷砖用紫色美缝剂、蓝色瓷砖用橙色美缝剂、绿色瓷砖用蓝色或者黄色美缝剂等。

2.2 客厅沙发背面墙挖个洞做法

以前，客厅沙发背面是一堵墙，没有过多的收纳空间

[经典传统做法]

以前，客厅沙发背面是一堵墙，没有过多的收纳空间。

现在，背面墙上挖个洞，收纳精致小摆件

【新做法】

现在，背面墙上挖个洞，收纳精致小摆件。

装修
法宝

挖个洞，即壁龛

① 因承重墙不能动，非承重墙上可以挖壁龛。壁龛的尺寸一般宽度为 15 ~ 20cm。因此，挖壁龛的墙壁厚度应大于 25cm。

② 沙发背后墙面挖个洞，放投影仪，需要注意电源线与其散热情况。

③ 卫浴间内挖个壁龛收纳洗浴用品等。

④ 卧室壁龛可以完美兼容床头柜的功能。但是应注意留白，床头不能填充太满，以免压抑。

⑤ 客厅壁龛，不仅增加储物空间，还有装饰作用。

⑥ 在沙发背景墙、电视背景墙上挖个壁龛，可以打造书架。

⑦ 厨房壁龛，可以放一些碗、盘子、瓶瓶罐罐。

⑧ 餐厅附近挖个壁龛，可以充当餐边柜。

⑨ 在玄关上挖个壁龛，安装壁灯，可以营造氛围。

2.3　不做复杂电视背景墙的做法

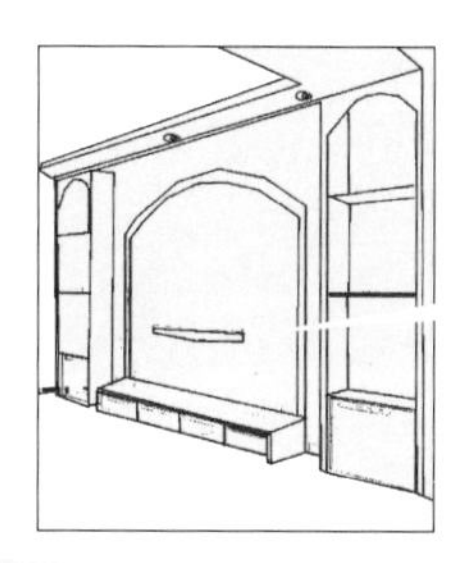

复杂的电视背景墙

[经典传统做法]

以前，做复杂的电视背景墙。复杂电视背景墙尽管能够显得整个家高端大气上档次。但是，其造价高，淘汰了很难改动，清洁工作量大且不好清洁。现代流行的简约风，花钱不多，但视觉效果简约大气。

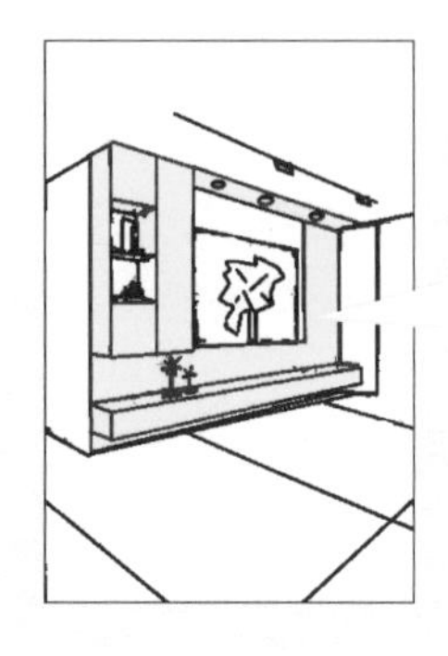

现在，仅做个投影屏幕+悬空电视柜+侧面收纳柜

【新做法1】

现在，仅做个投影屏幕 + 悬空电视柜 + 侧面收纳柜。客厅不装大理石电视墙，价格贵，容易过时。客厅采用简单收纳柜，搭配悬空电视柜，容易打扫，价格也不贵。

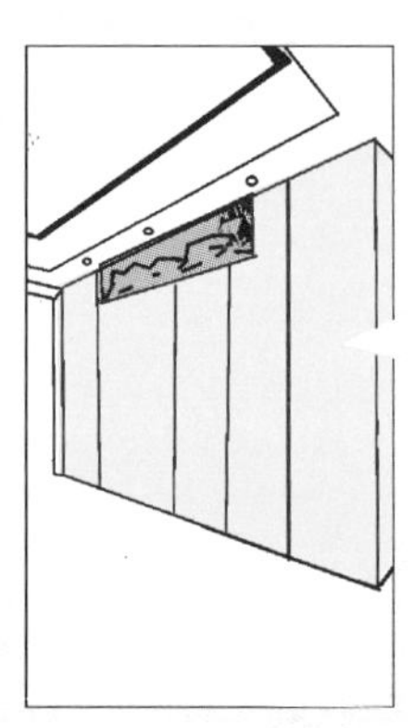

现在，仅做个投影屏幕+整面储物柜，也就是电视墙整面储物柜配投影屏幕，具有简洁、省空间等效果

【新做法2】

现在，仅做个投影屏幕 + 整面储物柜，也就是电视墙整面储物柜配投影屏幕，具有简洁、省空间等效果。

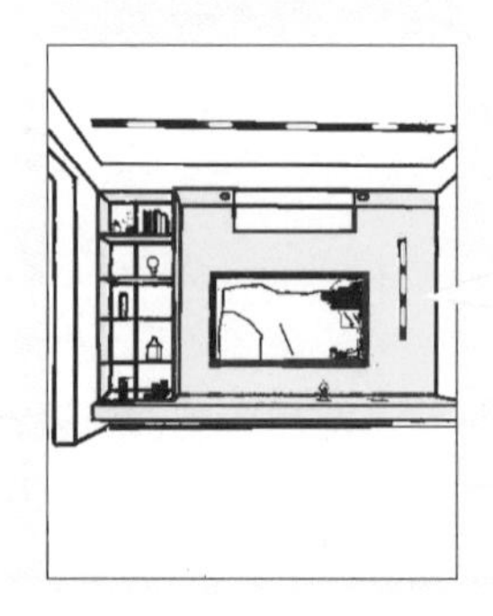

现在，仅做个投影屏幕+涂颜色乳胶漆+储物柜+悬空柜+灯

【新做法3】

现在，仅做个投影屏幕 + 涂颜色乳胶漆 + 储物柜 + 悬空柜。

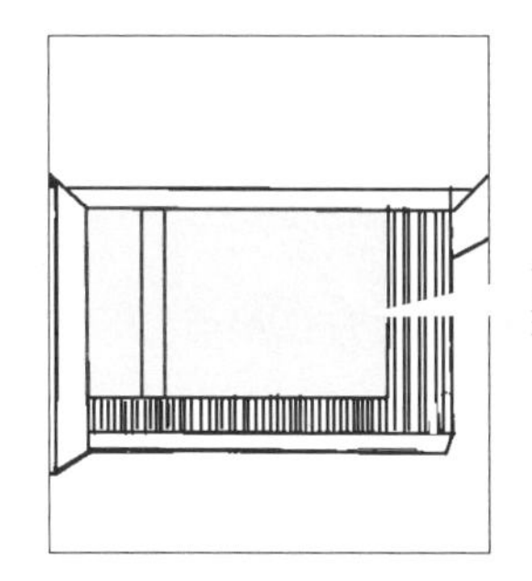

流行与现在，采用大理石岩板搭配木格栅

【新做法4】

现在，采用大理石岩板搭配木格栅。

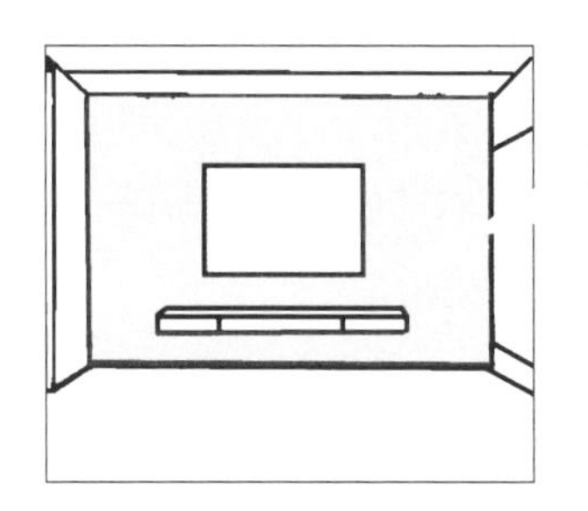

流行与现在，直接刷乳胶漆，再买个收纳柜，不仅省钱，还时尚好看，并且增加了一定的收纳功能

【新做法5】

现在，直接刷乳胶漆，再买个收纳柜，不仅省钱，还时尚好看，并且增加了一定的收纳功能。

装修法宝

电视背景墙的表现与材料

① 材料：石材背景墙、镜面背景墙、铁架背景墙、置物柜背景墙、书柜背

景墙、壁炉背景墙、饰面板背景墙、涂料背景墙、墙纸背景墙、木材背景墙等。

② 小户型背景墙，应使用浅色，以舒缓压迫感，以及创造扩容效果。

③ 如果大电视周边布置大量小型物品，则视觉上会显得混乱。

④ 观看电视的合适距离，大概以屏幕尺寸的 3.5 倍为依据估算。因此，电视背景墙也不要太厚。

⑤ 电视避免在角落安装，以免出现畸形零散空间。

⑥ 纯白色背景墙，具有干净利落、简洁大方等特点。

⑦ 电视背景墙，采用挂装饰画配合，具有简单大气等特点。

⑧ PU 线条电视背景墙，增加空间趣味与包裹感氛围。

⑨ 细腻墙布 + 金属线条打造电视背景墙，增强空间的层次感与时尚感。

⑩ 收纳柜背景墙，即背景墙采用定制的整墙储物柜，中间摆电视。

⑪ 水泥质感背景墙，具有原始的质感，彰显个性。

⑫ 乳胶漆背景墙，属于经典简约背景墙，其颜色根据整个空间的风格来选择。

⑬ PVC 护墙板隔音效果较好，比乳胶漆墙面更耐磨耐脏。也可以采用 PVC 护墙板与刷乳胶漆组合，打造有层次感的空间。

⑭ 木饰面背景墙，纹理清晰，触感光滑，具有贴近自然、舒适之感。

⑮ 格栅木饰面 + 大理石纹岩板拼接背景墙，例如黑色格栅木饰面 + 白色大理石纹岩板 + 搭配同色系一字形地台，具有黑白撞色亮眼、空间线条感突出感。

⑯ 通顶式定制柜，集无手拉的收纳柜 + 开放式展示柜 + 电视柜于一体，实用又能完美利用空间。

⑰ 整面开放式书柜，实现客厅、书房、电视背景墙一体化，实现收纳的同时，也起到装饰作用。

⑱ 电视背景墙一字形表现法：距离电视机（上缘）12 ~ 15cm 处装修“一字形置物架”，搁板长度与电视柜一样或大一点，或使用 2 个小型搁板，以错层衔接。

⑲ 电视背景墙对称表现法：以电视机中心为中心线，左右对称排列尺寸相同、外形一致（或相似）的装饰品，避免混乱感受。

⑳ 电视背景墙拼贴表现法：拼贴各种形状、尺寸不一的饰品，让整面电视背景墙显得丰富，宛若艺廊一样。

㉑ 根据沙发的高低确定壁挂电视的高低。

家用投影仪

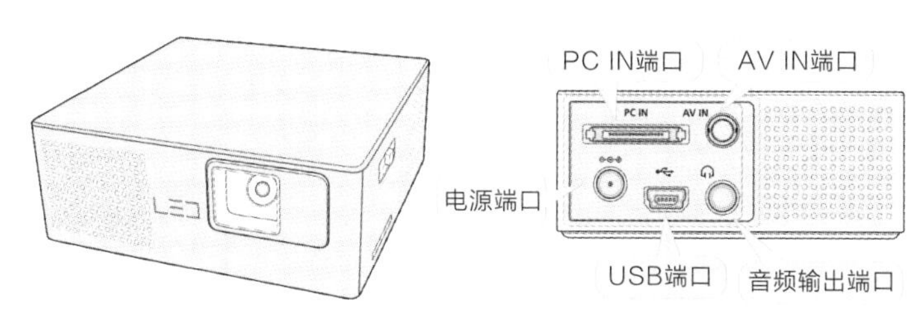

投影仪

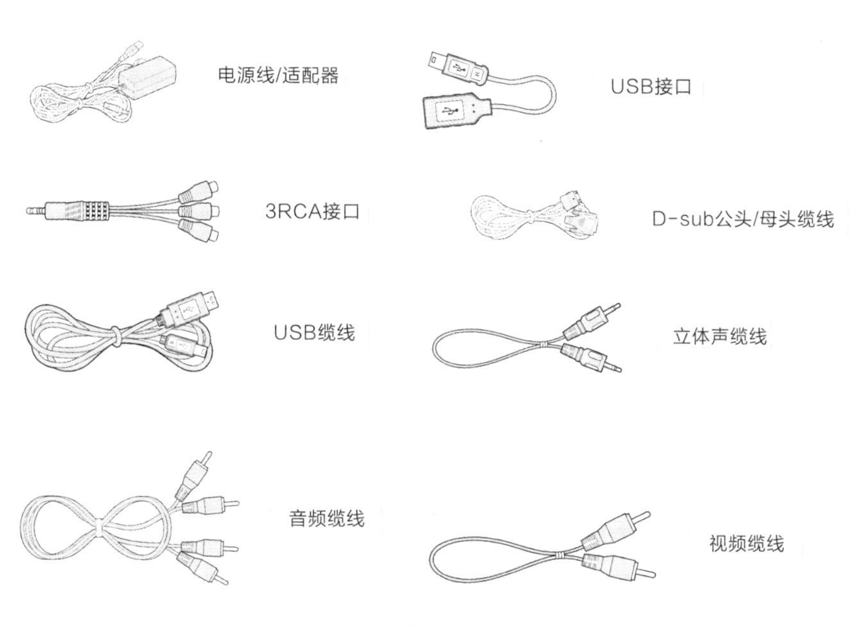

投影仪配件

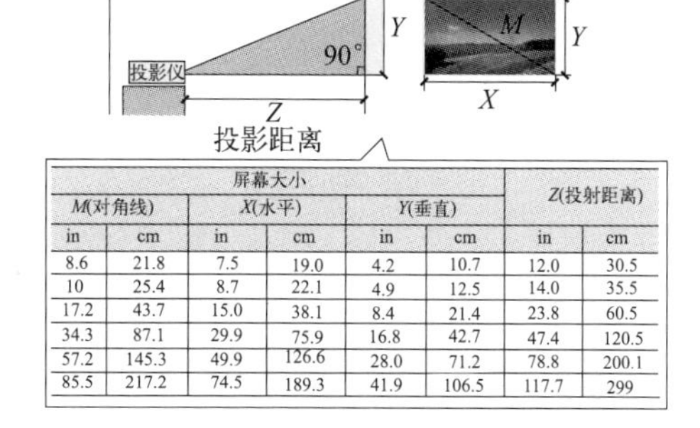

屏幕大小						Z(投射距离)	
M(对角线)		X(水平)		Y(垂直)			
in	cm	in	cm	in	cm	in	cm
8.6	21.8	7.5	19.0	4.2	10.7	12.0	30.5
10	25.4	8.7	22.1	4.9	12.5	14.0	35.5
17.2	43.7	15.0	38.1	8.4	21.4	23.8	60.5
34.3	87.1	29.9	75.9	16.8	42.7	47.4	120.5
57.2	145.3	49.9	126.6	28.0	71.2	78.8	200.1
85.5	217.2	74.5	189.3	41.9	106.5	117.7	299

投影仪距离

2.4 客厅墙面不装瓷砖的做法

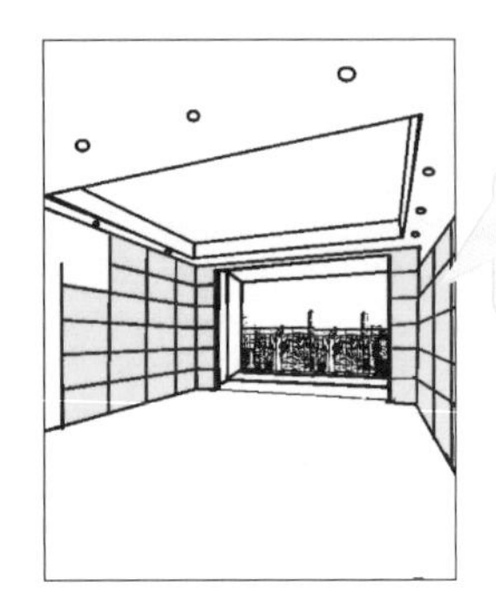

经典与传统，如果客厅墙面装瓷砖，会回潮，并且感觉像大卫生间

[经典传统做法]

以前，客厅墙面装瓷砖，会回潮，并且感觉像大卫生间。

流行与现在，推荐采用涂抹乳胶漆的做法，简洁耐看，还漂亮

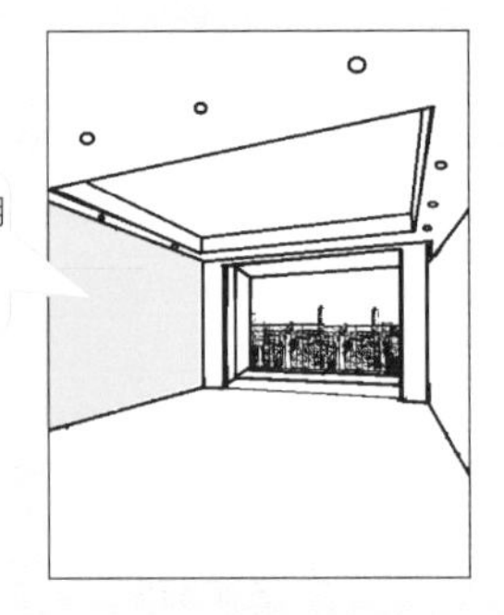

【新做法】

现在，推荐采用涂抹乳胶漆的做法，简洁耐看，还漂亮。

客厅墙面的装修

① 客厅墙面平行式装修，也就是以平行排列方式的图案来起到装饰效果，

具体排列可平行、可竖挂、可对称工整。

② 客厅墙面架子式装修，也就是做现代博古架安装在墙面上，以强化墙面装饰作用。博古架具体形状，可传统、可现代。

③ 客厅墙面组合式装修，也就是装饰中心主画突出中心，两边围绕中心布局。

④ 客厅墙面错落式装修，也就是以一组错落式画框来装饰墙面的方法。

⑤ 客厅墙面装饰画式装修，也就是墙面涂上装饰画、悬挂艺术品等。

⑥ 客厅墙面大白墙，多年不过时。

⑦ 客厅墙面刷漆、刷硅藻泥装修，也就是简约、经典的装修，如果觉得大白墙过于寡淡，稍微改变墙面颜色，就可以让空间看起来更具层次感。浅米黄色、浅绿色背景墙颜色，可以打造更加温馨与时尚的空间。

⑧ 客厅墙面墙纸、墙布装修。白墙布装饰客厅，给人明亮感。灰色墙布装饰客厅，给人简约高级感。浅黄色或者粉色墙布装饰客厅，给人温馨感。

⑨ 客厅墙面石膏线装修，也就是利用石膏线花纹、浮雕造型，达到比较强的装饰效果。

⑩ 客厅墙面木质背景墙装修，能够给空间注入温暖的气息。

⑪ 客厅墙面运用石材装饰，能够给人美观大气的感觉体现主人品位与个性。

⑫ 客厅墙面运用墙绘装饰，能够给人新颖、独特的定制感。

⑬ 客厅墙面运用大屏装饰，客厅影院概念深入人心，大宅配大屏，大气实用。

⑭ 客厅墙面运用隔板架装饰，能够提升客厅空间的实用性、立体感、收纳、情趣气息等。

⑮ 客厅墙面运用矮墙、半边矮墙类装饰，适用于大横厅户型、沙发墙后方是过道的户型等部分户型格局比较特别的房子。矮墙顶部，也可以做成台面，后方还可以布置吧椅或书桌椅。

⑯ 客厅墙面运用硬包背景墙装饰，能够给人温润舒适的质感。

⑰ 客厅墙面运用乳胶漆分色装饰，有左右分色、上下分色等。

⑱ 客厅墙面运用红砖配水泥装饰，有复古风尚感。

⑲ 客厅墙面运用墙裙装饰，墙裙不贴整面墙，墙裙贴墙下半部分。

⑳ 客厅墙面运用文化砖装饰，局部铺贴文化砖，质感很强。

㉑ 客厅墙面运用集成墙面装饰，整体感强。

㉒客厅墙面运用水泥墙装饰，返古质感强。

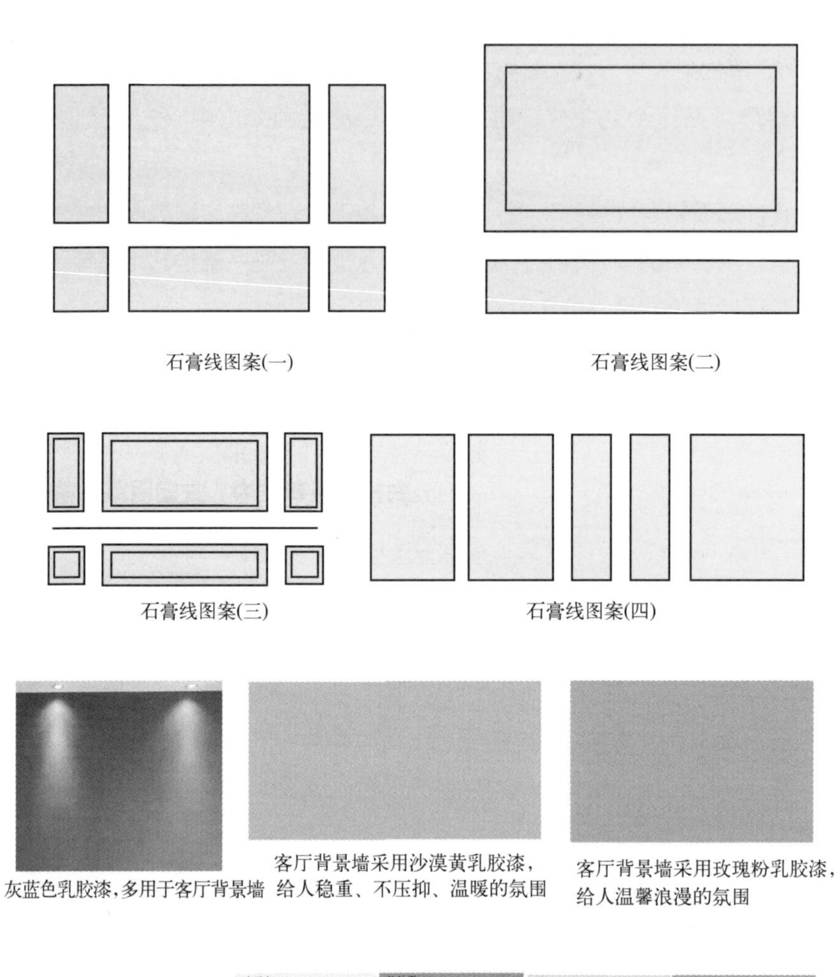

石膏线图案(一)　石膏线图案(二)

石膏线图案(三)　石膏线图案(四)

灰蓝色乳胶漆，多用于客厅背景墙

客厅背景墙采用沙漠黄乳胶漆，给人稳重、不压抑、温暖的氛围

客厅背景墙采用玫瑰粉乳胶漆，给人温馨浪漫的氛围

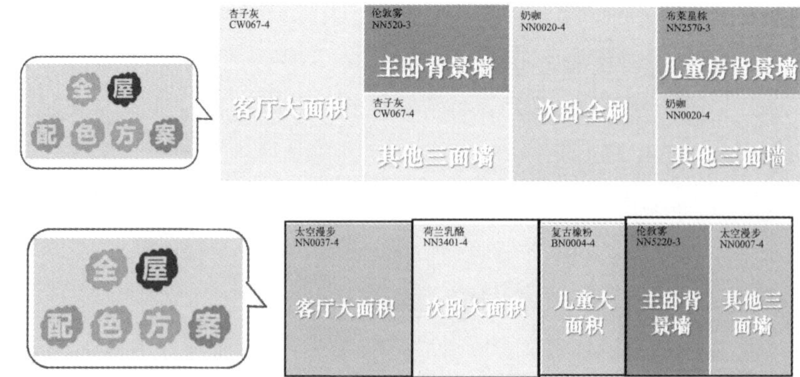

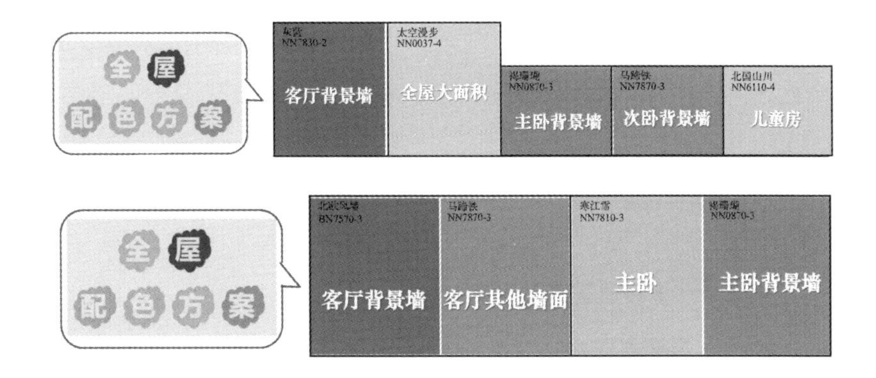

2.5　客厅不装木质、瓷砖踢脚线做法

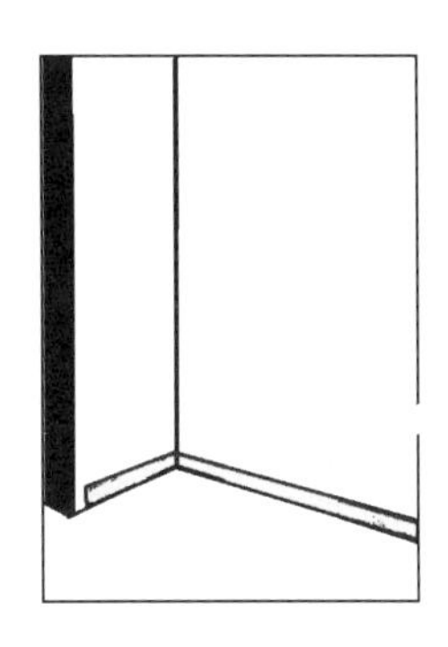

经典与传统，客厅装木质、瓷砖踢脚线、施工容易，简洁

[经典传统做法]

以前，客厅装木质、瓷砖踢脚线，施工容易，简洁。

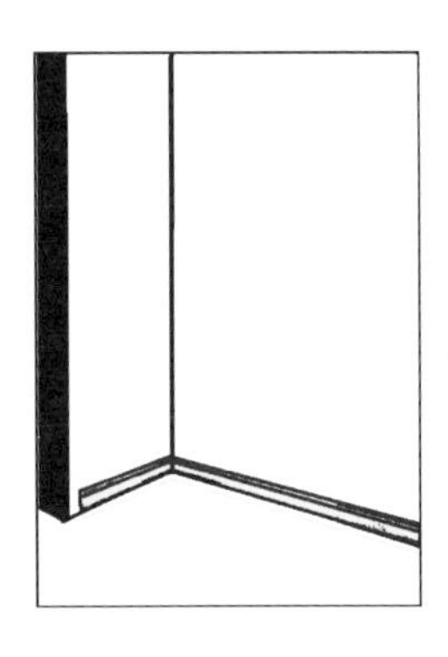

流行与现在，推荐采用装不锈钢藏灯踢脚线，耐用、大气、好打理

【新做法】

现在，推荐采用装不锈钢藏灯踢脚线，耐用、大气、好打理。

带灯踢脚线

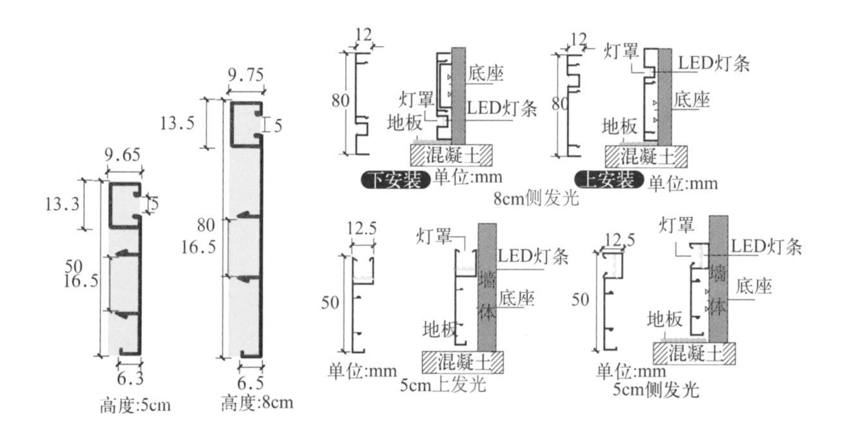

2.6 踢脚线齐平墙面新做法

[经典传统做法]

以前，踢脚线凸出墙面，降低成本，节省开踢脚线槽工序。

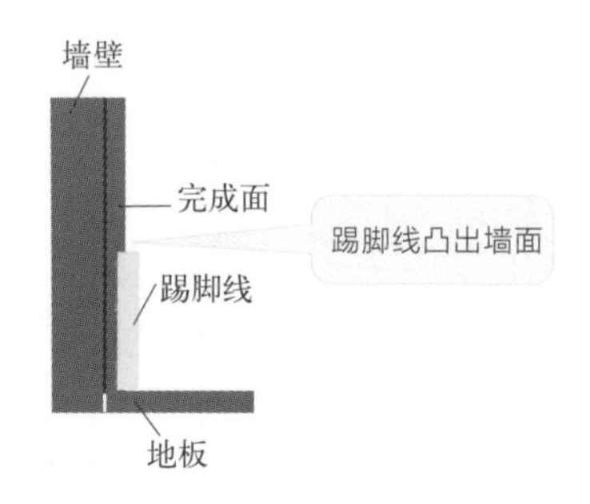

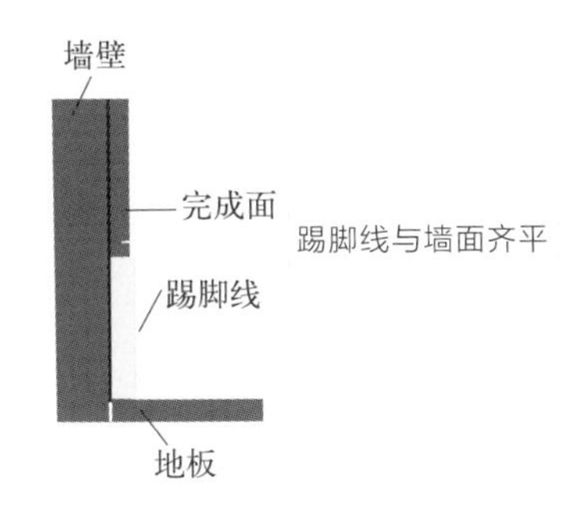

踢脚线与墙面齐平

【新做法】

现在，踢脚线与墙面齐平，消除了踢脚线凸出墙面容易落灰、难打理的麻烦。踢脚线与墙面齐平，也就是采用嵌入式安装。

装修法宝

嵌入安装踢脚线

踢脚线与墙面齐平工艺，需要开踢脚线槽

① 嵌入安装踢脚线，只需要铲除墙体水泥砂浆层大约 20mm 即可。

② 选择隐藏式踢脚线，或者嵌入式踢脚线。

2.7 卧室不放电视柜改为挖洞的做法

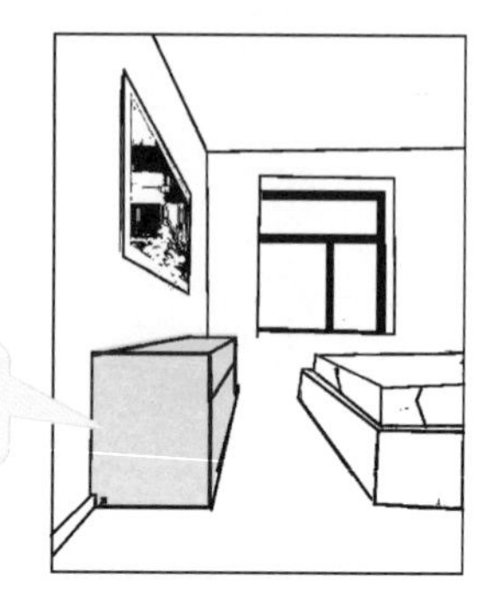

[经典传统做法]

以前，卧室放电视柜，但是占过道。

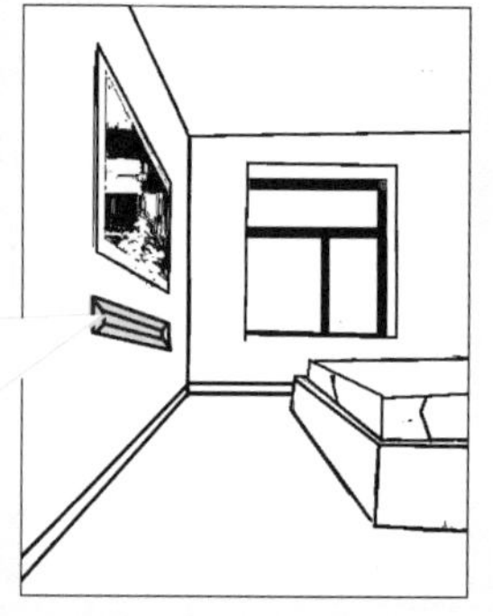
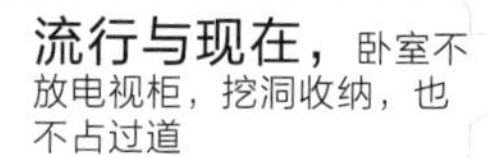

【新做法】

现在，卧室不放电视柜，挖洞收纳，也不占过道。

壁龛技能

① 壁龛层板材质，一般有大理石、钢化玻璃、水泥浇筑、贴砖、木材等。

卧室壁龛层板常采用木材层板。

② 卧室壁龛一般比较精致。代替卧室电视柜的壁龛，床头一般采用单格横向方形壁龛。横长形壁龛，具有延伸视觉空间的效果。

③ 代替卧室床头柜的壁龛，一般采用单格竖向方形壁龛。

④ 壁龛可以暗藏光，衬托陈列品的魅力。

⑤ 壁龛还可以通过组合排列，变化出多种样貌的壁饰。

⑥ 卧室床头壁龛多数以展示功能为主，安装在枕头旁，可放置眼镜、图书等。

2.8　卧室墙面采用乳胶漆做法

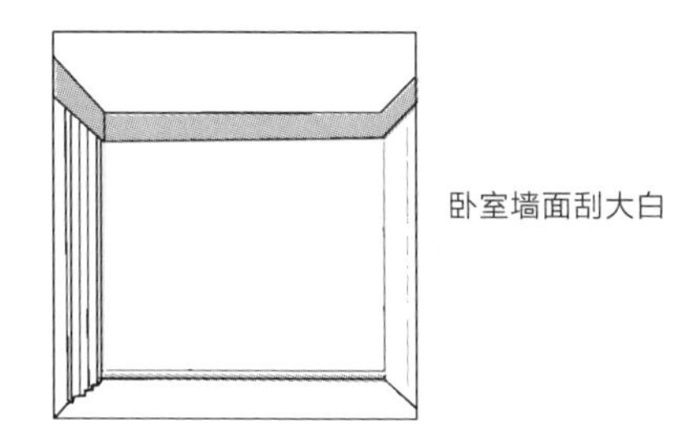

[经典传统做法]

以前，卧室墙面采用刮大白的方式。

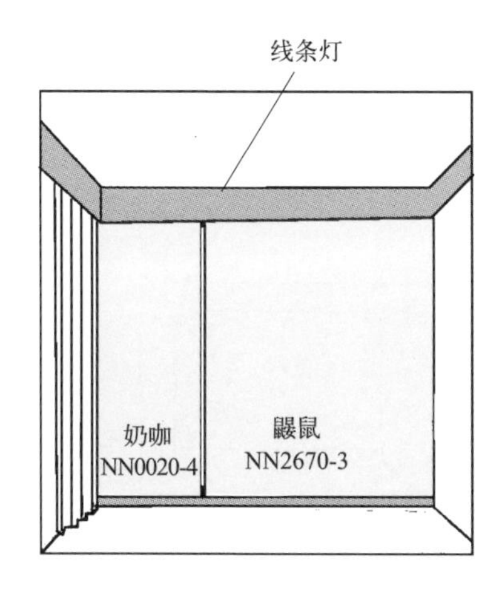

【新做法1】

现在，卧室墙面采用拼色床头墙，也就是采用乳胶漆图案。

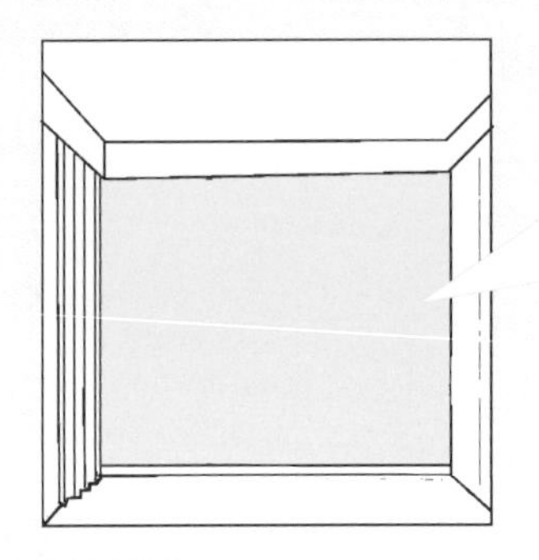

【新做法2】

现在，卧室墙面整墙乳胶漆的颜色有灰绿色、烟粉色、高级灰色、蓝色、粉红色、米黄色、黄色、浅灰色、蓝灰色、活力绿色等。有的采用乳白色乳胶漆，也可以在乳胶漆床头墙上挂装饰画。

装修法宝

拼色床头墙

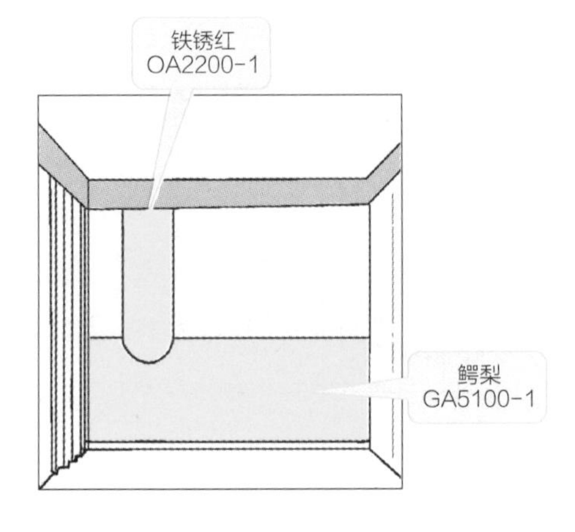

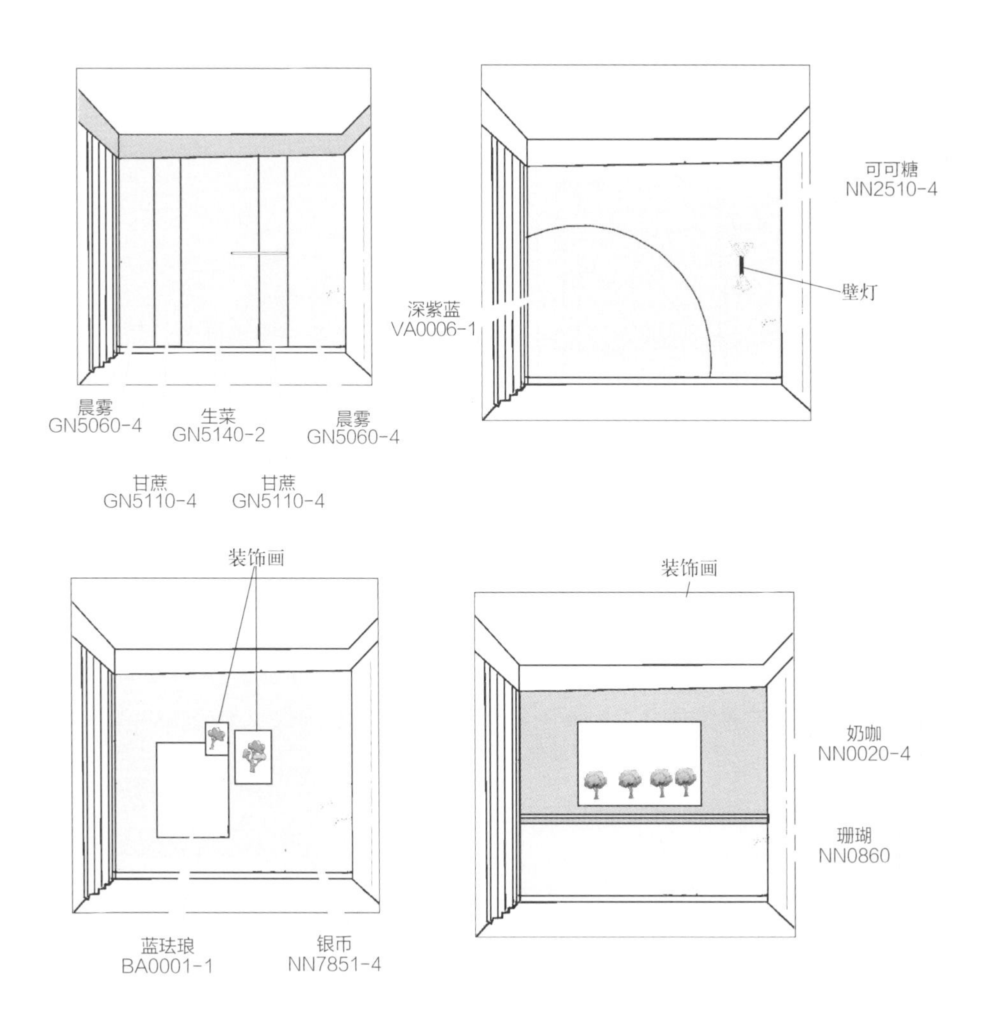

2.9　钛金条电视背景墙做法

[经典传统做法]

以前，电视背景墙整墙采用单色乳胶漆。

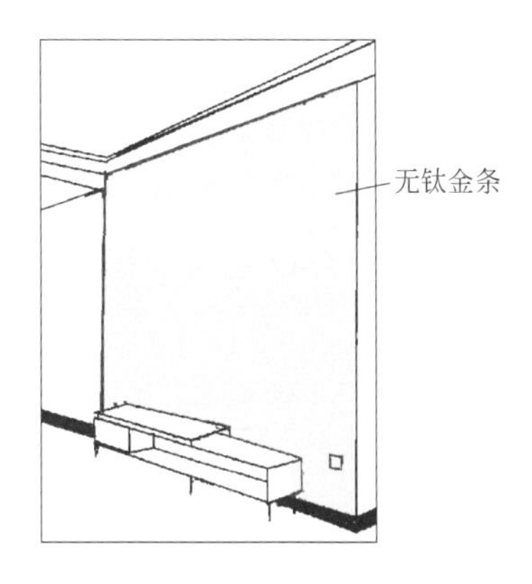

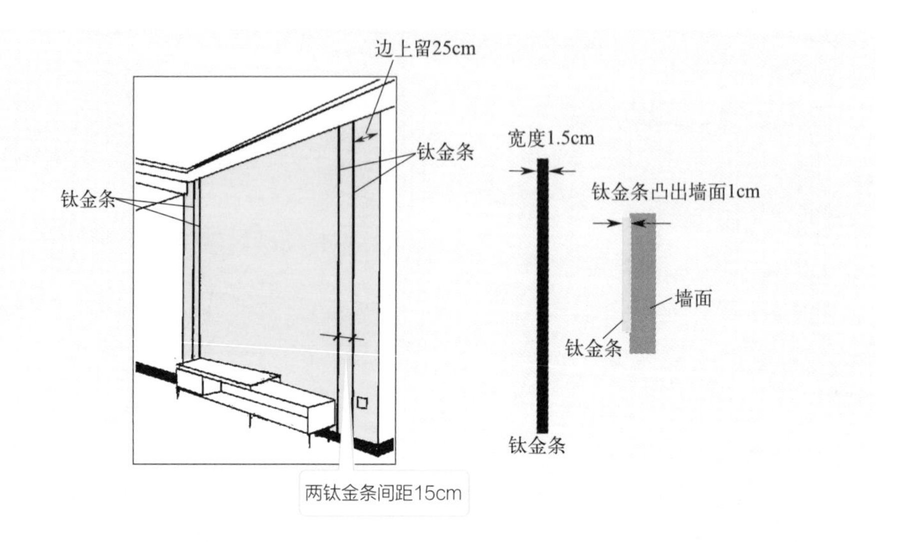

【新做法】

现在，电视背景墙整墙采用单色乳胶漆(墙布)+钛金条，装修美感凸显。

钛金条与应用有关知识

① 石膏板上钛金条的安装：先在石膏板上面切一个横平竖直的凹槽，槽的大小与钛金条大小一致，然后用胶或玻璃胶将钛金条粘在凹槽内，且粘牢固。也可以在石膏板上安装比钛金条小的木线条，再将钛金条卡在木线条上。

② 对于钛金条，1.5 ~ 5cm是比较适合的尺寸，实际尺寸必须根据空间大小来定。若空间比较大，应该选择宽的钛金条装饰。

③ 钛金条的间距为10 ~ 40cm比较好，实际尺寸必须根据空间大小来定。

④ 钛金条，可以嵌入，也可以凸出安装。一般认为做成凸的，整体感强些。

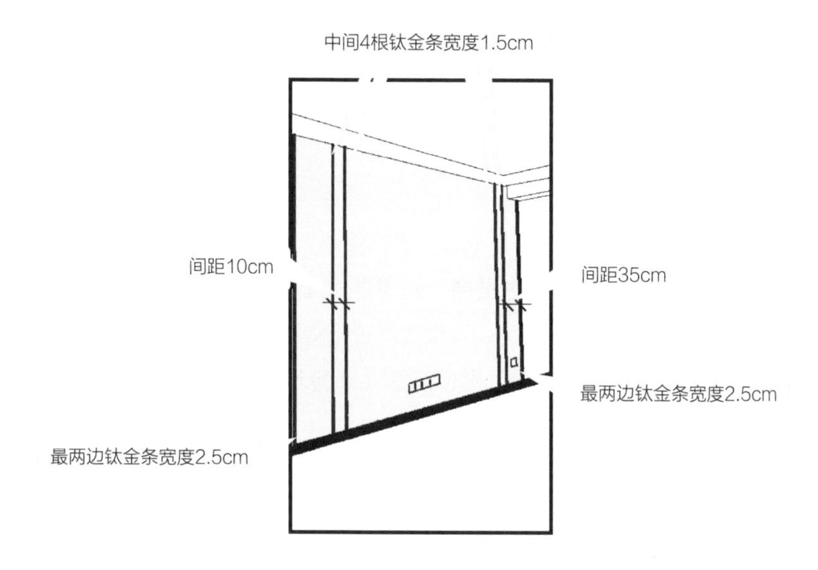

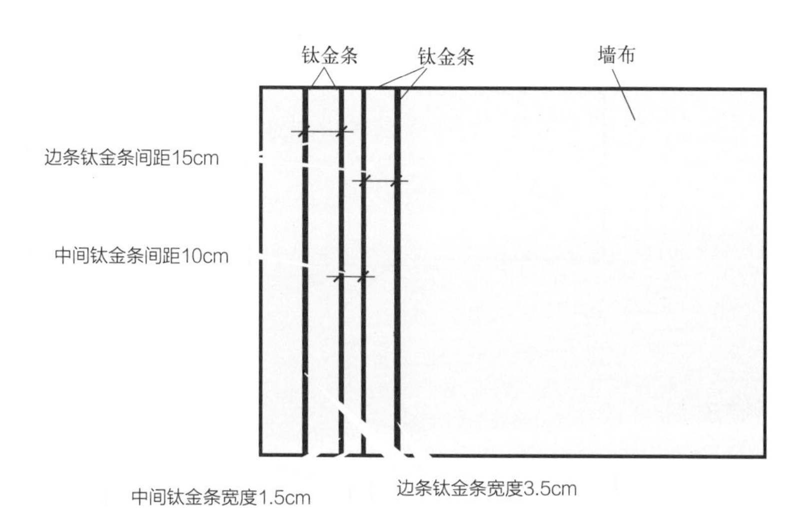

2.10 墙上装饰线减少甚至不再用的做法

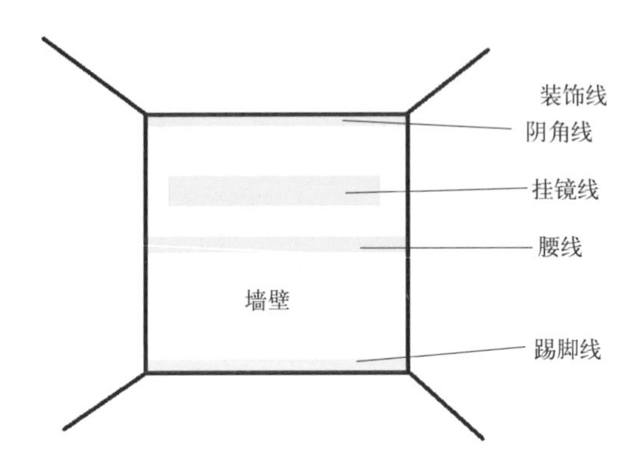

[经典传统做法]

以前，房屋层高较高，一面墙从上到下设计 4 道装饰线，分别为阴角线、挂镜线、腰线、踢脚线。

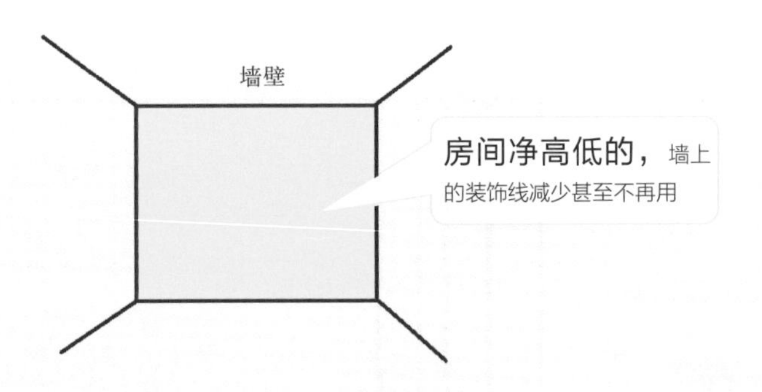

【 新做法 】

现在，房屋层高，尤其是商品房房间净高为 2.5 ~ 2.8m，如果在墙上均分等线过多，会有压抑感。为此，房间净高低的，墙上的装饰线减少甚至不再用。

装修
法宝

改善层高不足的技巧

层高低于 2.7m 或层高不足的房子，整体看起来压抑，让人越住越难受，会严重影响生活的质量和舒适度。可以从顶面、墙面两个方面入手，改善层高。

① 顶面改善：无主灯设计、不吊顶设计。

② 墙面改善：善用竖向的线条材质、上浅下深的配色、隐形门的运用。

2.11　卧室墙面留着白，视频投影直接用做法

[经典传统做法]

以前，卧室墙面刷颜色，讲究美观与个性。

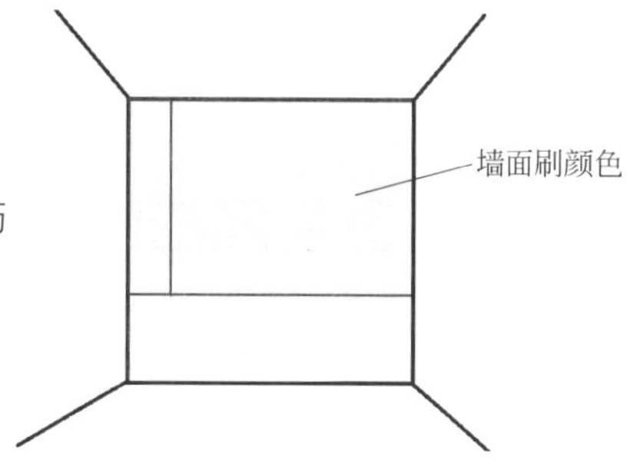

【新做法】

现在，卧室墙面留着白，视频投影直接投到白墙上，可以躺在床上观看视频。

卧室墙面留着白，
视频投影直接投到白墙上

卧室的设计

① 卧室墙壁装饰材料的色彩宜淡雅。

② 若卧室背景墙以灰白色为主，则其他的物品宜选用淡紫色或粉红色，以达到优美、典雅等效果。

③ 一般而言，老年人的卧室宜选用偏蓝、偏绿的冷色系，图案花纹应细巧雅致。

④ 青年人的卧室宜选用新颖别致以及富有欢快、轻松感的图案，颜色宜选用浅暖色调等。

⑤ 儿童房间宜选用新奇、鲜艳的颜色，花纹图案应活泼、生动一些。

2.12 卫生间挖洞收纳做法

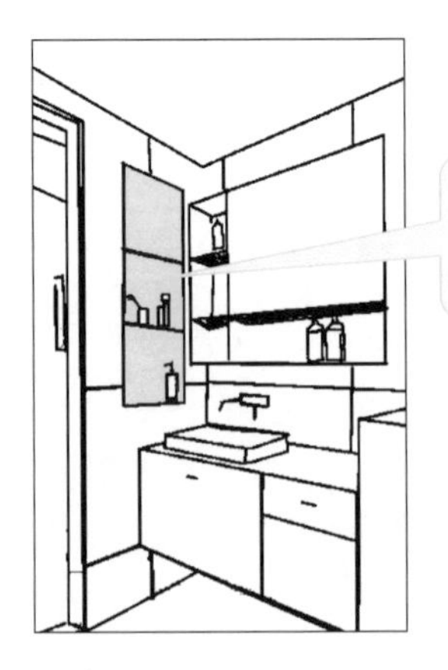

流行与现在，洗手池上方或者旁边可以挖洞，用于洗漱用品等物品的放置

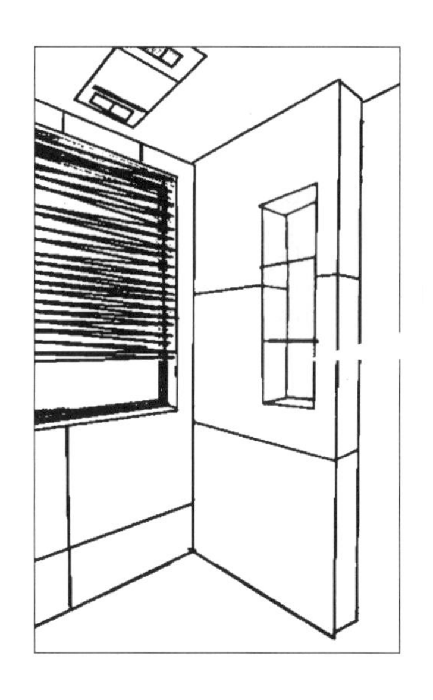

流行与现在，沐浴区墙面可以挖三个洞，分别放置沐浴用品等

扫码看视频

卫生间挖洞收纳做法

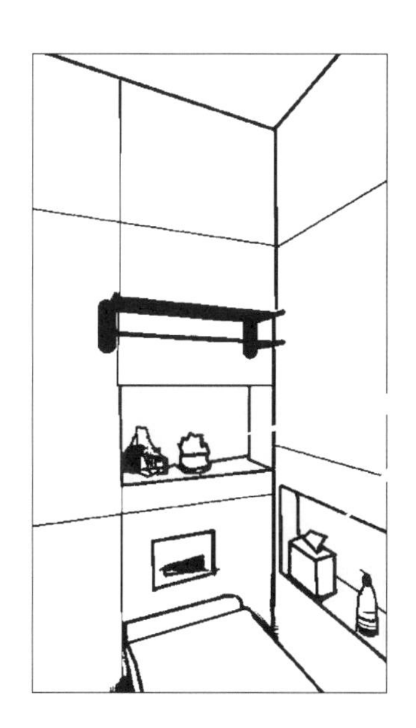

流行与现在，坐便器上下可以挖洞，放厕纸等

【新做法】

现在，挖洞收纳，也就是壁龛收纳。

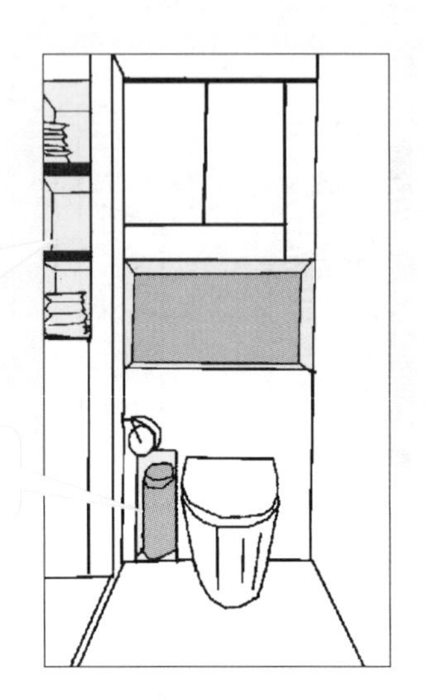

装修法宝

卫生间挖洞收纳技能

① 一个壁龛最佳的使用深度一般为 15~25cm。如果墙体没这么厚，则往往需要在此基础上向外借空间。

② 做壁龛隔板时，需要保持整体性与协调性。

③ 沐浴区墙面可以挖三个洞，分别放置沐浴用品等。

④ 马桶上下可以挖洞，上面放置厕纸，下面放置垃圾桶。

⑤ 洗手池上方或者旁边可以挖洞，用于洗漱用品等物品的放置。

⑥ 镜子旁边可以挖两个洞，用于美发工具等的放置。

⑦ 坐便器上下可以挖洞，放置厕纸等。

⑧ 淋浴壁龛一般距离地面的高度为 1~1.5m。

⑨ 壁龛实际开槽的尺寸一定要大于设计尺寸 5~10 cm，这样方便修整。

⑩ 壁龛具体尺寸应参考选择的瓷砖，尽量为瓷砖尺寸的整数倍。

⑪ 卫生间 3 格壁龛，参考尺寸：

a. 高度分别为 30cm、30cm、40cm，宽度为 30cm，格层厚度为 5cm；

b. 高度分别为 25cm、35cm、25cm，宽度为 30cm，格层厚度为 3cm；

c. 高度分别为 24cm、33cm、24cm，宽度为 30cm，格层厚度为 3cm。

⑫ 卫生间 2 格壁龛，参考尺寸：高度分别为 37cm、37cm，宽度为 27cm。

⑬ 也可以采用不锈钢成品壁龛。

⑭ 壁龛一般建议做 2~4 层。

⑮ 卫浴空间壁龛，单格一般深度 > 18cm，上下高度 > 30cm，壁龛厚度一般为 15~20cm。

⑯ 进行浴室壁龛设计时，想要不弯腰拿取方便，最低沿的高度应高于地面 90cm，不介意弯腰也至少距离地面 20cm 为佳。

⑰ 最好选择非承重墙厚度大于 25cm 左右的壁龛。如果非承重墙的厚度不足，可以在墙前运用定制柜体的方式打造壁龛。

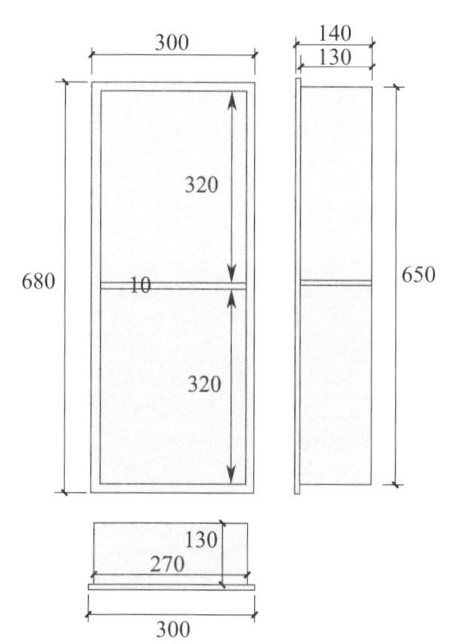

壁龛外尺寸：高680×宽300×深140
壁龛内尺寸：高650×宽270×深130
洞口尺寸：高660×宽280×深140

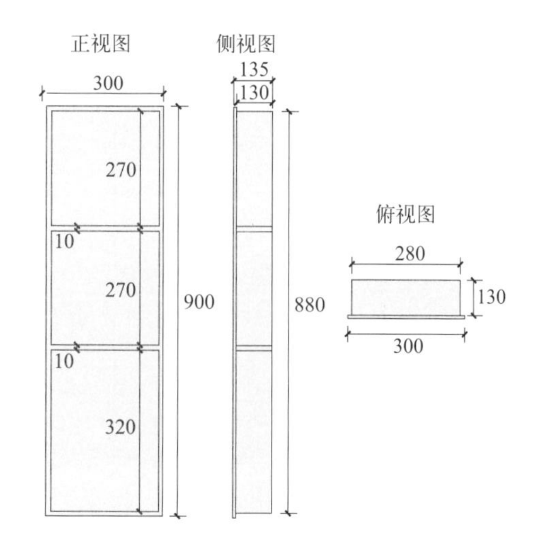

壁龛外尺寸：高900×宽300×深135
壁龛内尺寸：高880×宽280×深130
预留洞尺寸：高890×宽290×深135

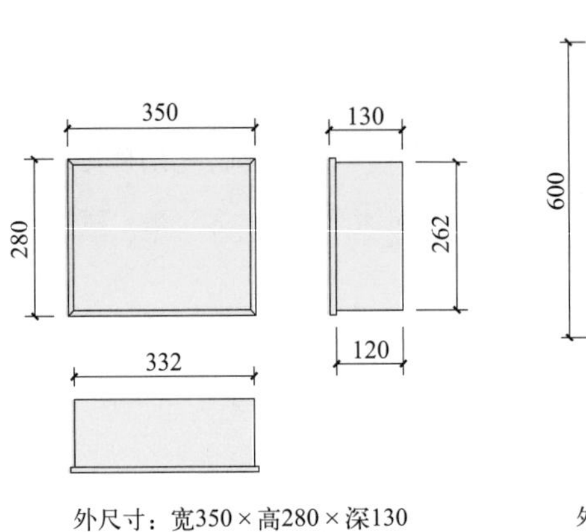

外尺寸：宽350×高280×深130
开洞口尺寸：宽336×高266×深125

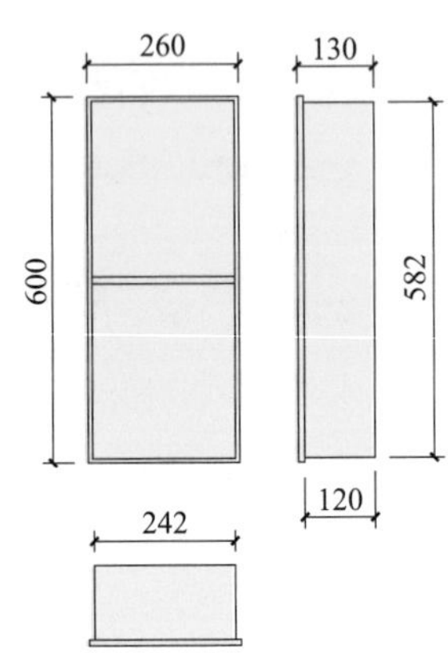

外尺寸：宽260×高600×深130
开洞口尺寸：宽242×高586×深125

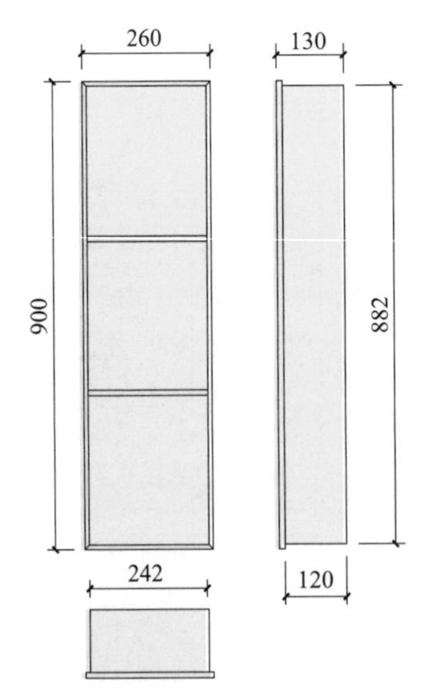

外尺寸：宽260×高900×深130
开洞口尺寸：宽246×高886×深125

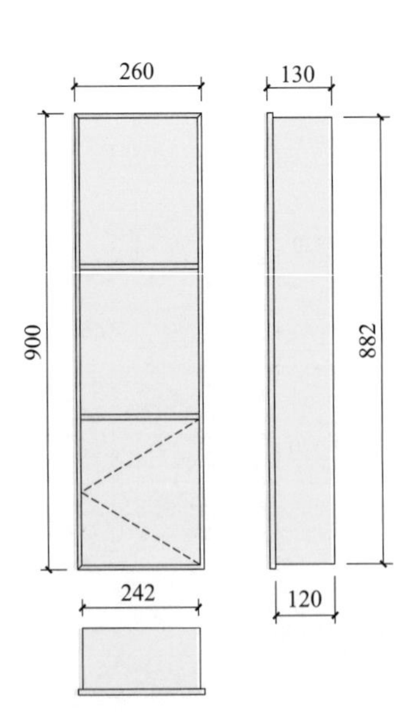

外尺寸：宽260×高900×深130
开洞口尺寸：宽246×高891×深125

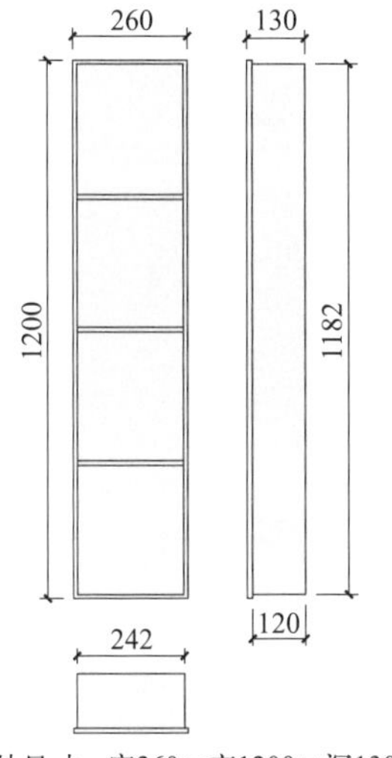

外尺寸：宽260×高1200×深130
开洞口尺寸：宽246×高1185×深125

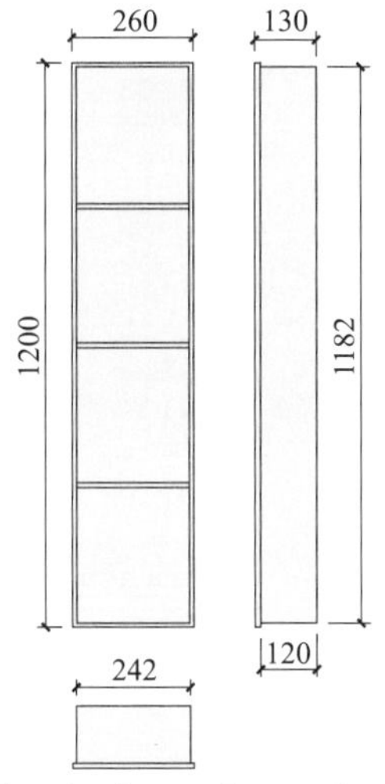

外尺寸：宽260×高1200×深130
开洞口尺寸：宽246×高1191×深125

2.13　卫生间不挖洞改为嵌入式瓷砖角隔板做法

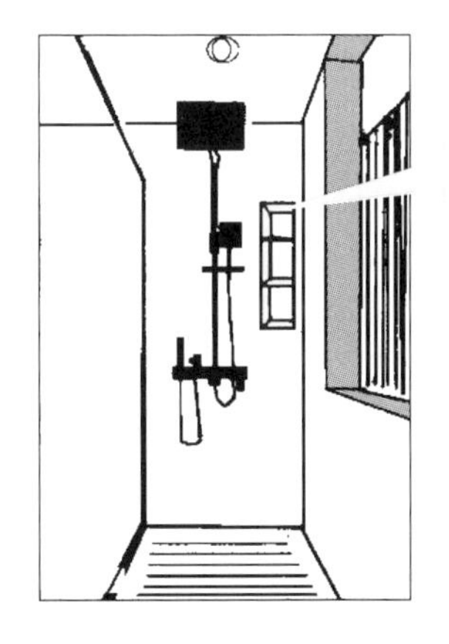

经典与传统，为了增加收纳空间，有时考虑挖洞

[经典传统做法]

以前，为了增加收纳空间，有时考虑挖洞。

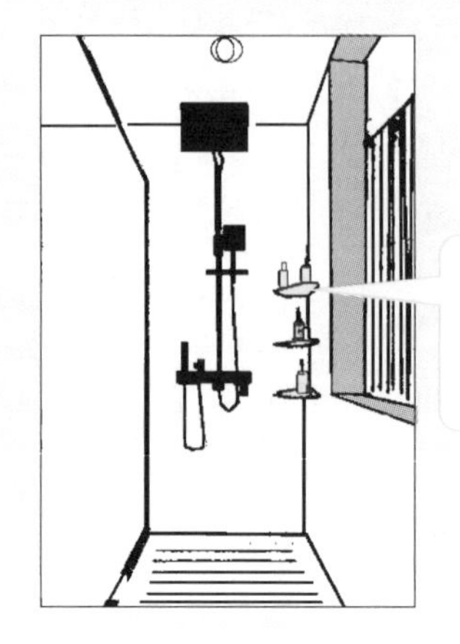

【新做法】

现在，为了充分利用墙角或者挖洞不方便的情况，改为嵌入式瓷砖角隔板。

角隔板尺寸（单位：cm）

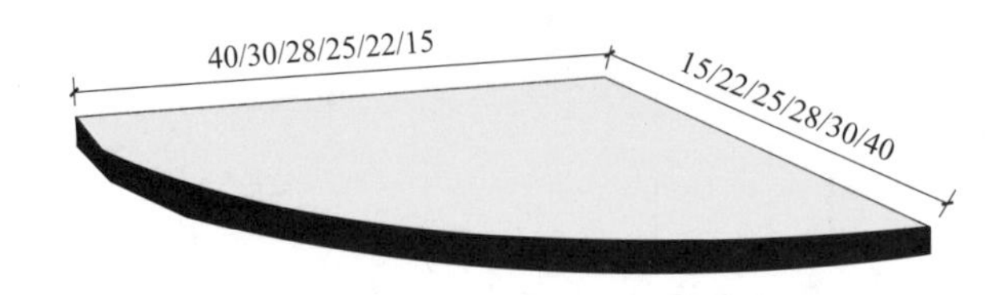

2.14　卫生间横长方洞做法

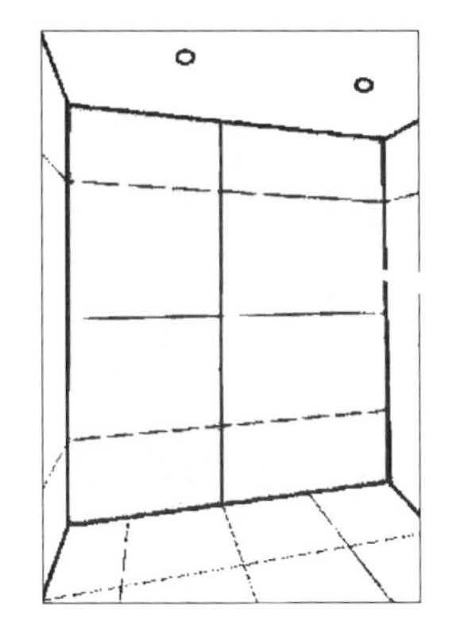

经典与传统，
卫生间墙面没有挖洞
或者挖一个竖洞

［经典传统做法］

以前，卫生间墙面没有挖洞或者挖一个竖洞。

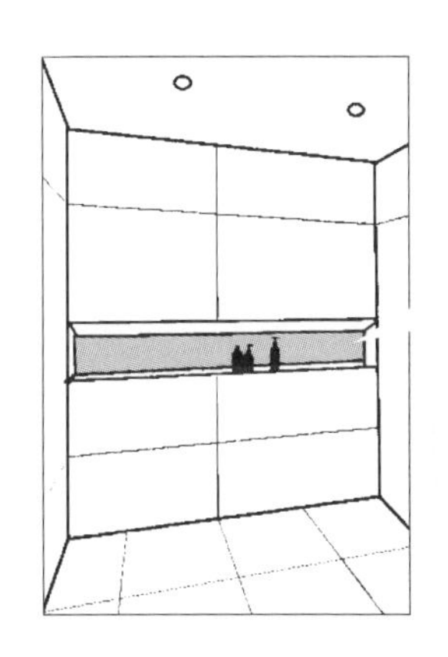

流行与现在，如果条件许可（例如农村自建房），则卫生间可以采用横长方洞，增加收纳空间，并显得大气

【新做法】

现在，如果条件许可（例如农村自建房），则卫生间可以采用横长方洞，增加收纳空间，并且显得大气。

装修
法宝

卫生间横长方洞收纳技能

① 承重墙上是禁止开横槽的，以免带来安全隐患。

② 若开横槽距离过长，则需要预判、检测、加固，不得破坏钢筋与必要的保护层。

③ 卫生间横长方洞的长度与高度，需要根据墙壁面积做协调处理，以及根据洗发水瓶、沐浴露瓶等高度来确定。

2.15 客厅地面不做波导线，全屋通铺做法

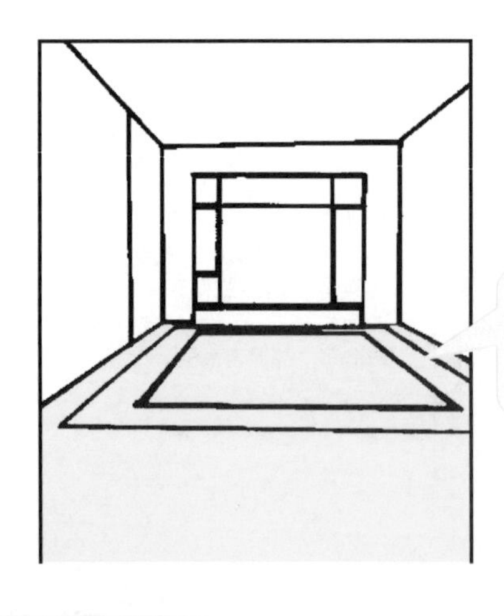

以前，客厅地面做波导线，起到划分区域、装饰显档次等作用

[经典传统做法]

以前，客厅地面做波导线，起到划分区域、装饰显档次等作用。

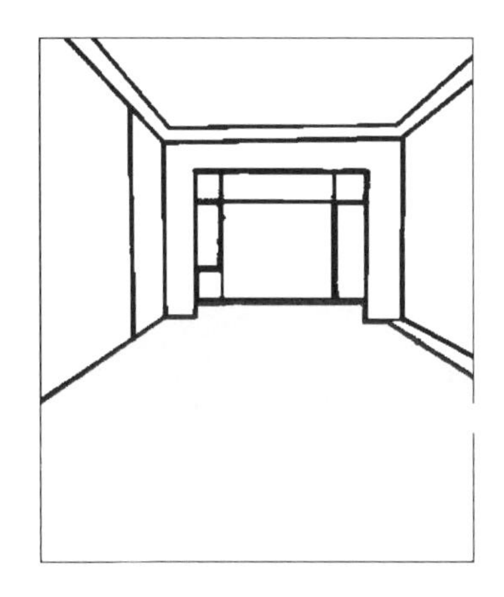

现在， 考虑客厅地面做波导线，往往会被沙发等家具遮挡，并且客厅面积小时，会被抢占焦点，客厅地面与阳台地面通铺。空间会显得更大，扫地机器人工作起来更流畅。但是，阳台、客厅通铺，也需要考虑隔热、隔冷、隔音以及水路等情况

【新做法】

现在，考虑客厅地面做波导线，往往会被沙发等家具遮挡，并且客厅面积小时，会被抢占焦点。客厅地面与阳台地面通铺，空间会显得更大，扫地机器人工作起来更流畅。但是，阳台、客厅通铺，也需要考虑隔热、隔冷、隔音以及水路等情况。

装修
法宝

瓷砖排布

① 全屋通铺，瓷砖排布要重视。瓷砖铺排方向应与门口保持正视。除了不规则部位外，其他都尽量使用整砖，避免出现非整砖的现象。

② 瓷砖排布，确定十字分割线，并且考虑对缝通铺，或是同色瓷砖做过门石半通铺。

③ 禁止在门窗口角处出现刀把形砖。瓷砖破活应排在阴角位置。

2.16 厨房客厅地面通铺做法

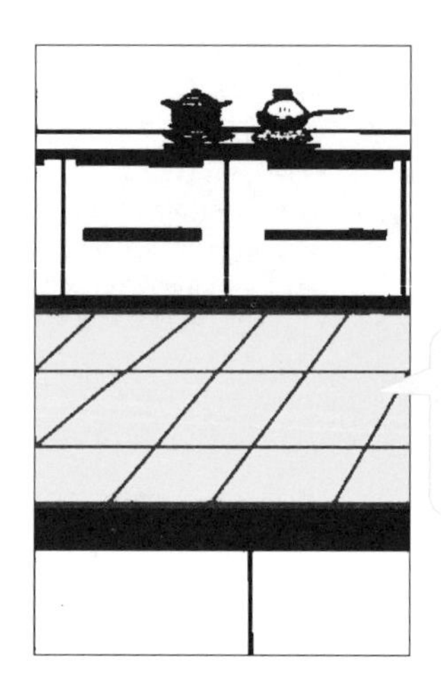

[经典传统做法]

以前，厨房客厅地面分别铺，厨房采用小块砖，缝隙多，容易藏油污垢。

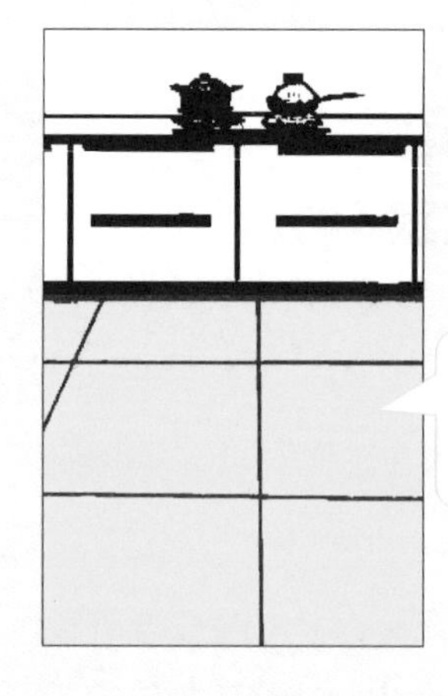

【新做法】

现在，厨房客厅地面通铺，大气，容易打理。但是，一定要考虑防滑性。

装修法宝

通铺还是不通铺?

① 若厨房门洞洞口宽度比较大，敞开式厨房，采用玻璃推拉门，则客厨地砖可以直接通铺，效果会比较美观。

② 若厨房门洞为单扇门洞宽度，采用常规平开门，则客厨地面瓷砖分开，用过门石分隔效果比较好。

③ 若大地砖对缝通铺，并且加上采用上吊轨移门，则平时打开厨房门，空间延伸放大，视觉延伸感好。

④ 厨房和客厅地面既可以局部通铺，也可以全屋通铺。

2.17　不再装大理石过门石，全屋通铺做法

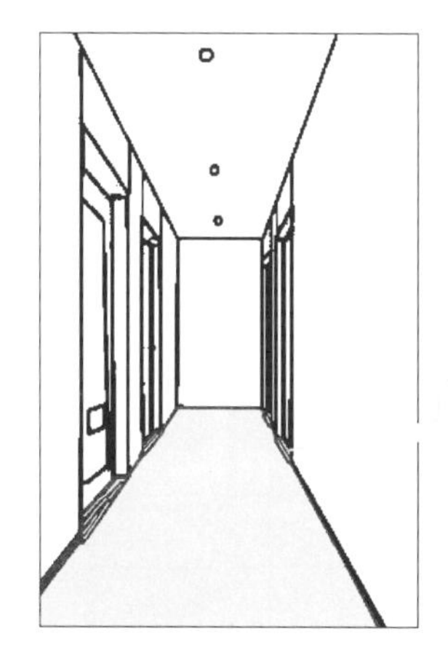

以前，采用过门石，主要是起到分区等作用

[经典传统做法]

以前，采用大理石过门石，主要起到分区等作用。但是，颜色乱，还费钱。

现在，瓷砖通铺，去掉过门石，整体统一，更美观

【新做法】

现在，房间采用同色瓷砖通铺，去掉过门石，整体统一，更美观。

装修法宝

全屋通铺图解

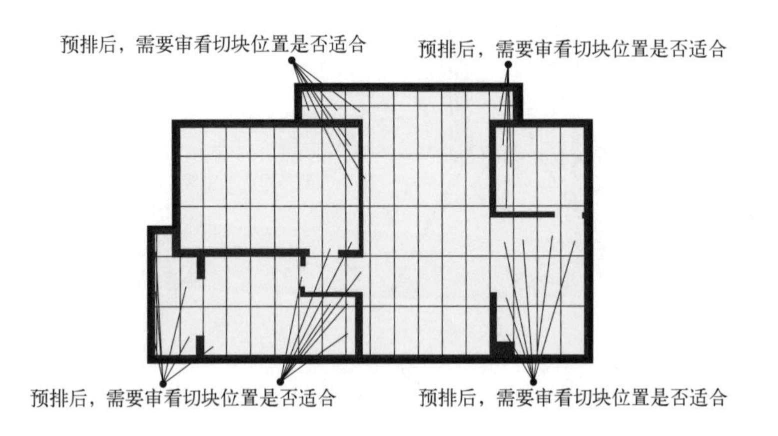

2.18　卫生间选小块地砖便于找坡做法

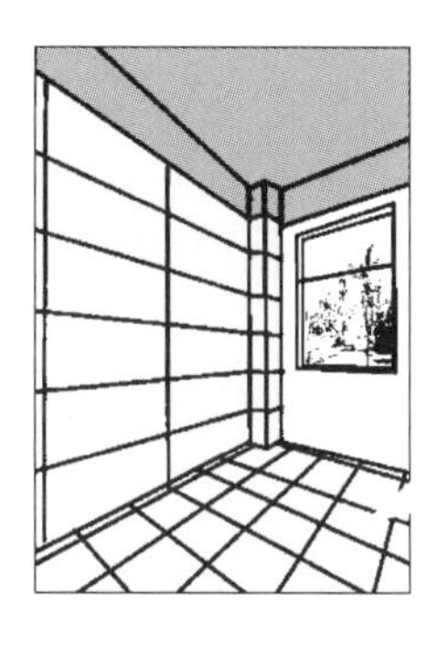

以前， 空间比较大的卫生间采用小块瓷砖铺贴，但是缝隙多，影响美观

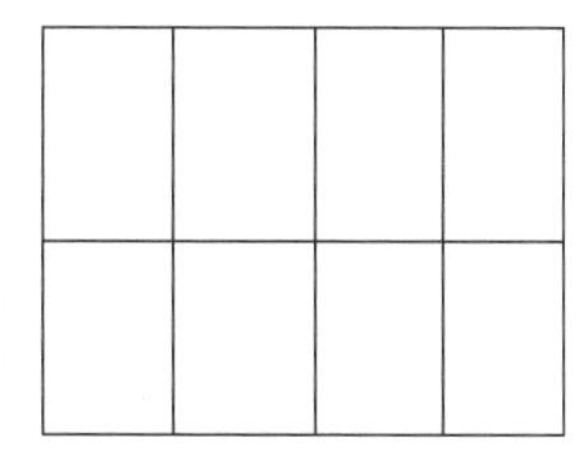

地面采用大块砖，可能不便于找坡

[经典传统做法]

以前，卫生间有的传统做法选择采用了大块砖，结果不便于找坡。

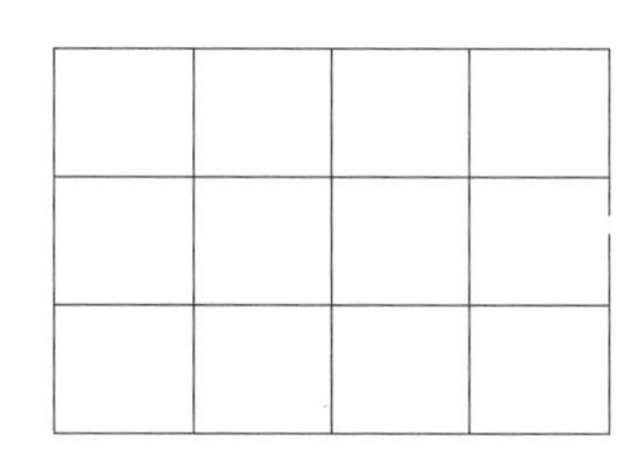

卫生间地面采用小块砖，便于找坡

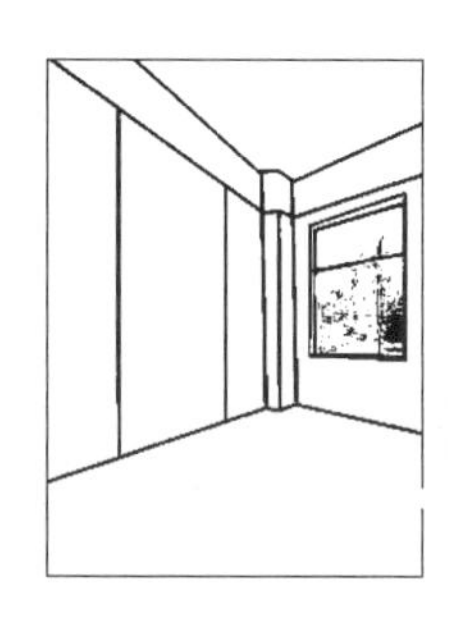

现在， 空间比较大的卫生间也采用大块瓷砖铺贴，美观，缝隙少，整体感强

【新做法】

卫生间地面的瓷砖最好选 30cm 见方或者以下的，以便找泄水坡的坡度。空间比较大的卫生间也采用大块瓷砖铺贴，美观，缝隙少，整体感强。

卫生间地砖到底选择大块还是小块

① 卫生间大地砖（例如 400mm×400mm、600mm×600mm、800mm×800mm 等），具有大气感。卫生间小地砖（例如 300mm×300mm 等），显得精致感、易找坡度。

② 卫生间干湿分离，干区可以贴大块砖，淋浴区可以贴瓷砖或石材拉槽。

③ 卫生间安装长条形地漏，并且整面找坡，避免常规地漏（例如 100mm×100mm），大块砖不好找坡的情况。

④ 小空间卫生间用小块砖，大空间卫生间用大块砖。

2.19 不采用常规地漏，采用新型地漏做法

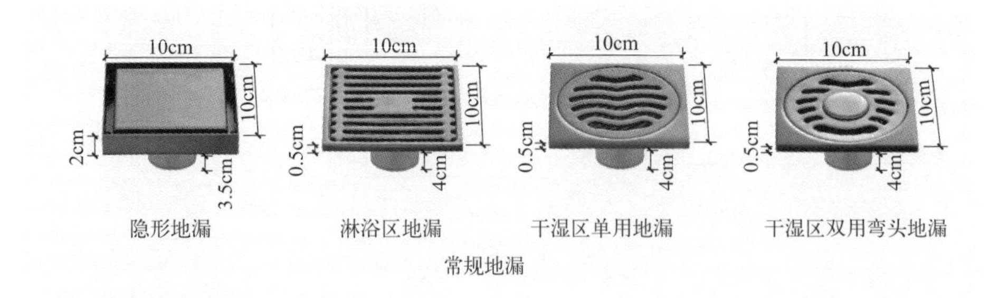

常规地漏

【新做法】

现在，浴室流行采用长方形的地漏，不仅可以加快下水的速度，而且比挡水条要实用。不过注意要装在淋浴房的门槛位置，并且注意地漏的两边地面要装修成斜坡，向着地漏流。

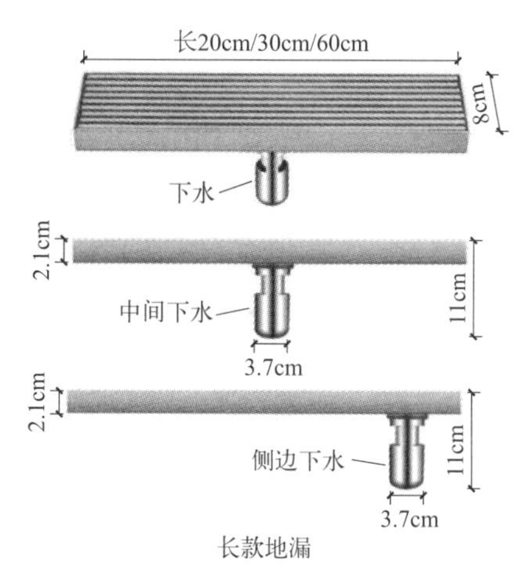

长款地漏

装修法宝

墙角 L 形地漏

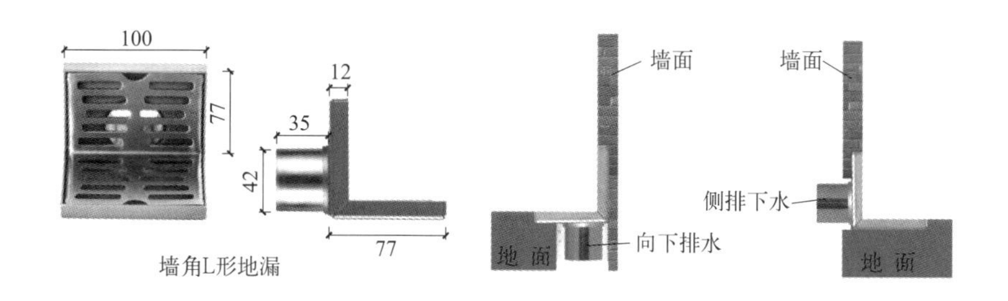

墙角L形地漏

chapter three

第3章

水电设备装修新做法

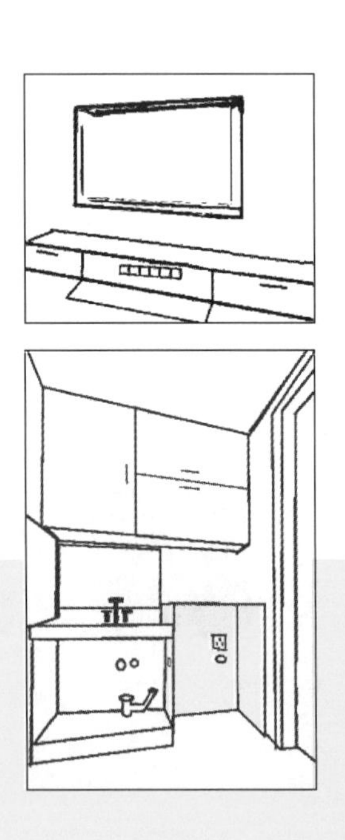

3.1　正五孔插座别全部用的做法

［经典传统做法］

没有把握，就设计安装正五孔插座，即可保证无忧。

以前，没有把握，就设计安装正五孔插座，即可保证无忧

正五孔插座

【新做法】

由于用电设备的变化，正五孔插座有时不能够同时插入。为此，斜五孔插座、带 USB 五孔插座往往更实用。

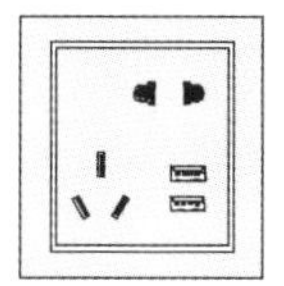

斜五孔插座

装修法宝

玄关、客厅插座高度

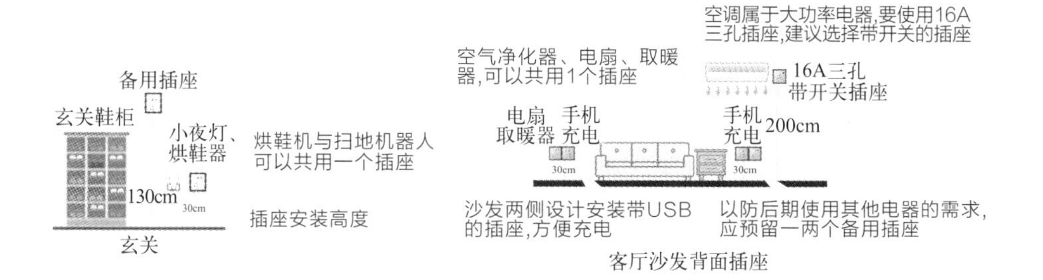

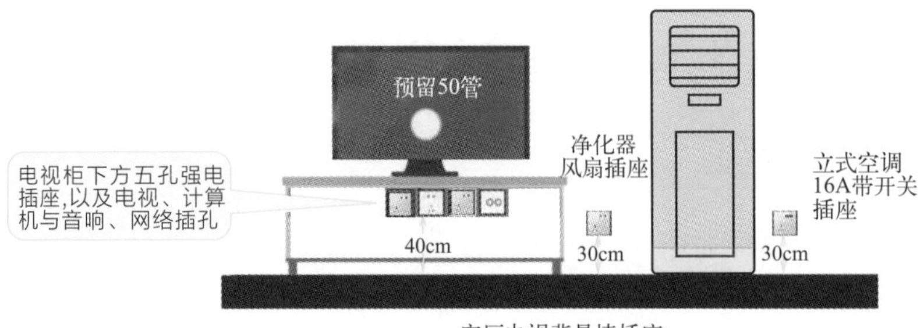

客厅电视背景墙插座

3.2 插座“反着装”的做法

[经典传统做法]

三孔插座顺着装，从上插下的插头线，需要“绕插座一圈”，浪费钱且影响美观。

【新做法】

插座“反着装”，电源线直接垂下来，直接插在插座上，贴心又美观。

直击新产品——错位多孔插座

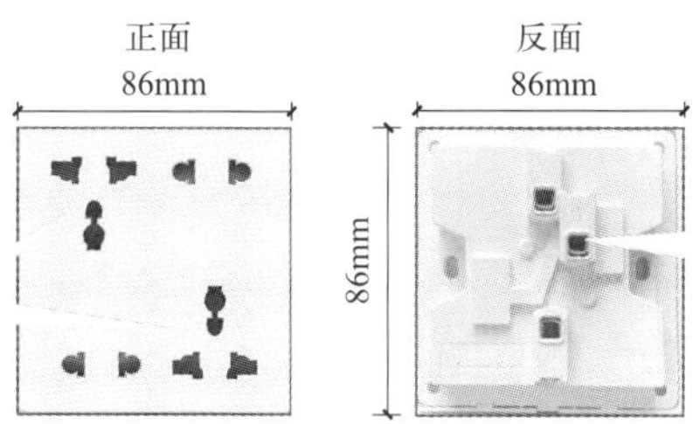

可以同时满足正插、反插，电压250V，电流10A

许多错位多孔插座反面与普通插座一样，三个接线孔：火线孔、零线孔、地线孔

86mm×86mm错位万能十孔插座

施工快上手——安装与处理

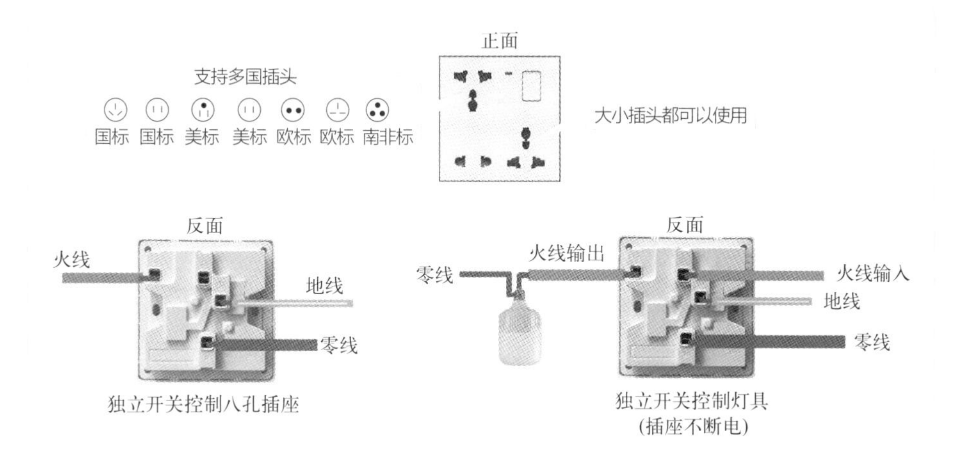

独立开关控制八孔插座

独立开关控制灯具
(插座不断电)

3.3　一键式灯光开关的做法

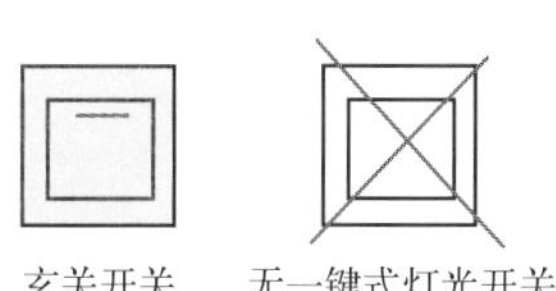

玄关开关　无一键式灯光开关

[经典传统做法]

照明灯没有设计“总开总断”一键式开关功能，省去布线成本。

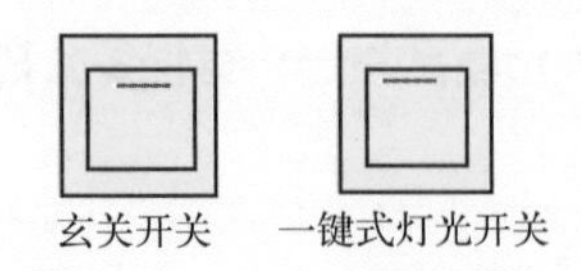

【新做法】

玄关设计安装一键式开关，在没有关电视、空调、灯具的情况下，则出门前按下该开关，就可以除了电冰箱不断电外，其余设备全部断电。

一键式开关

① 一键式开关，可以采用常规的 86 开关来实现。

② 一键式开关，也可以采用全屋灯光一键智控来实现。

③ 一键式开关，还可以采用手机 APP 智能开关来实现。

④ 全屋照明一键式开关接线，包括利用弱电控制强电的方法、小电流控制大电流的方法、控制继电器的方法、APP 软件控制方法等。

⑤ 一键式开关示意如下。

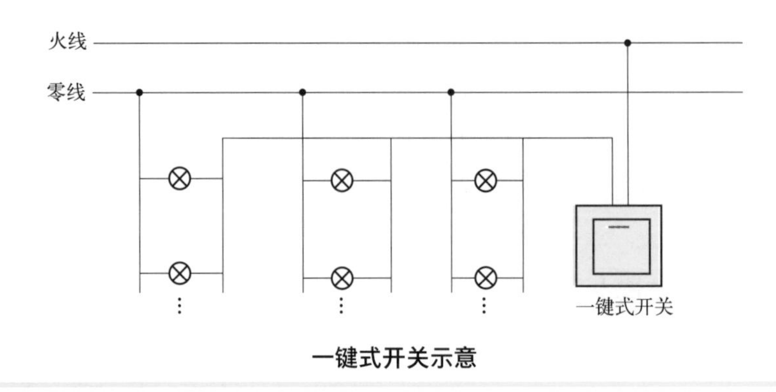

一键式开关示意

3.4 厨房电器采用带开关插座的做法

经典与传统，厨房电器采用不带开关的插座，主要是饮水机的插座带开关、洗衣机的插座带开关、所有空调的插座带开关

［经典传统做法］

以前，厨房电器采用不带开关的插座，主要是饮水机的插座带开关、洗衣机的插座带开关、所有空调的插座带开关。

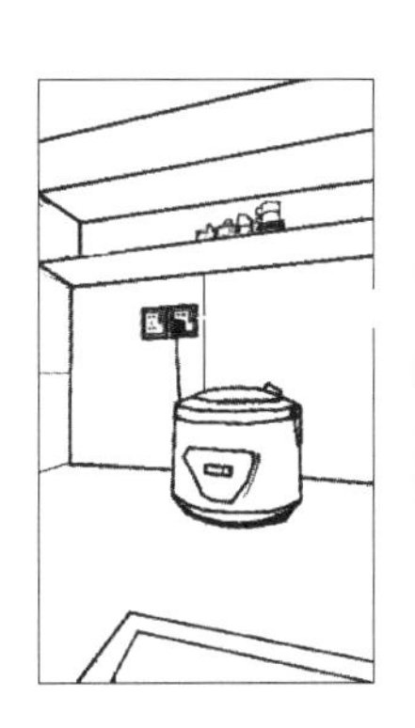

流行与现在，厨房电器采用带开关的插座。因为，厨房的各种小家电的插座使用频率最高。因此，为了避免频繁插拔，影响插座寿命，可以全部使用带开关的插座

【新做法】

现在，厨房电器采用带开关的插座。因为，厨房的各种小家电的插座使用频率最高。因此，为了避免频繁插拔，影响插座寿命，可以全部使用带开关的插座。

开关控制插座接线

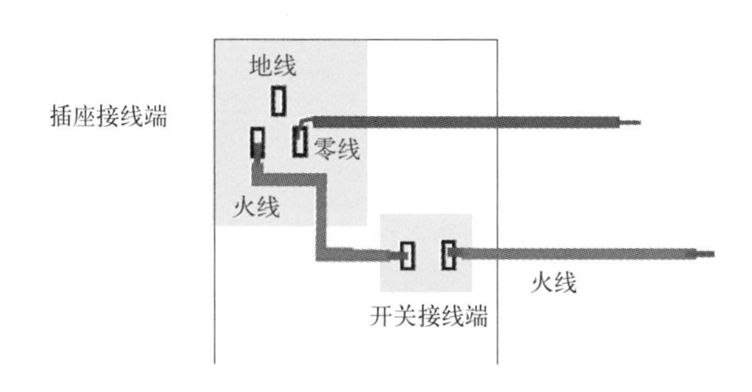

3.5 电视背景墙插座不外露的做法

[经典传统做法]

以前，电视背景墙的插座外露，方便拔插。

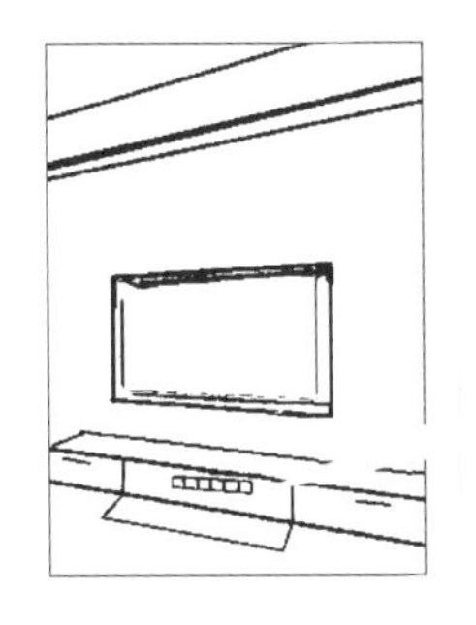

流行与现在，电视背景墙的插座不外露，藏在柜内，美观

【新做法】

现在，电视背景墙的插座不外露，藏在柜内，美观。

装修法宝

电视背景墙专用插座盒组件

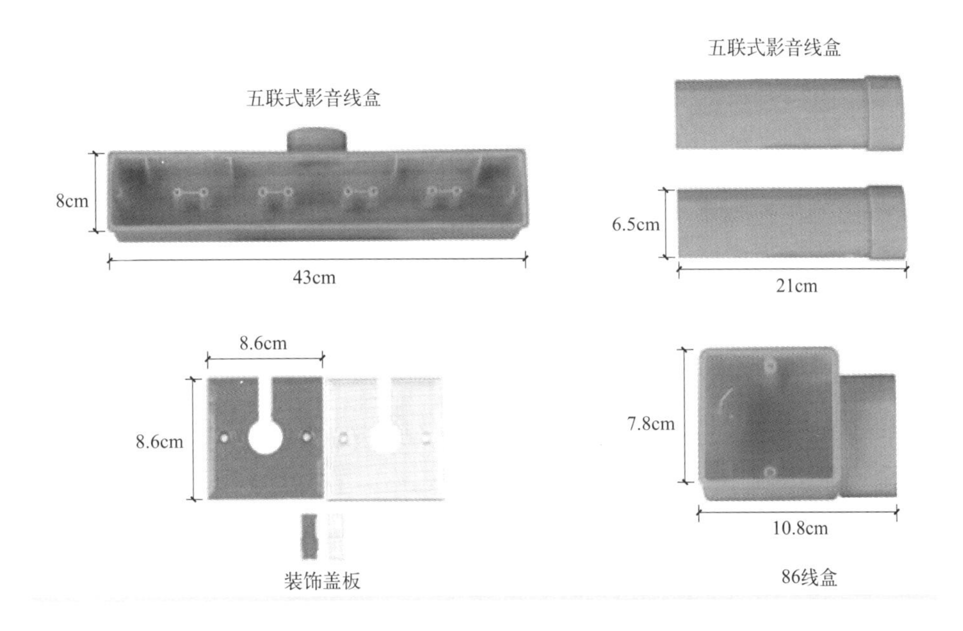

3.6 滚筒洗衣机插座不放背面的做法

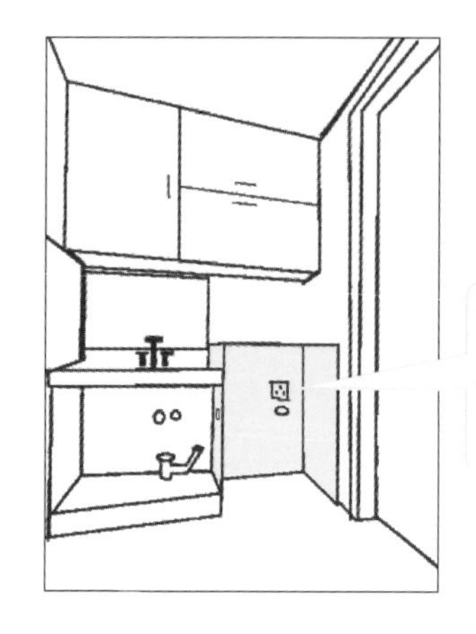

[经典传统做法]

以前，滚筒洗衣机插座放背面，可以隐蔽，方便插入。但是，滚筒洗衣机需要凸出一部分，留出插座的空间。

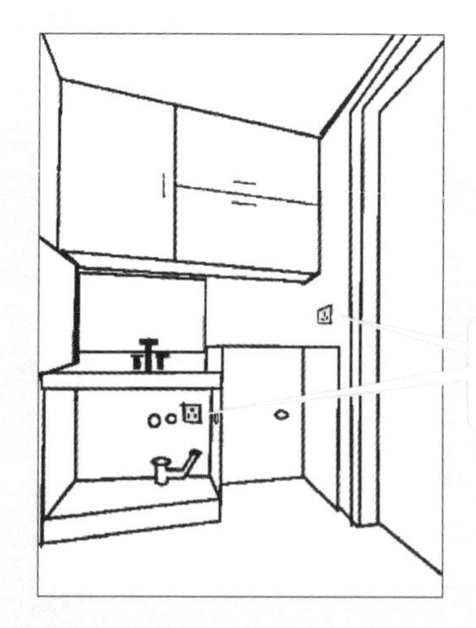

【新做法】

现在，滚筒洗衣机插座放上面，或者侧面。

装修法宝

滚筒洗衣机插座

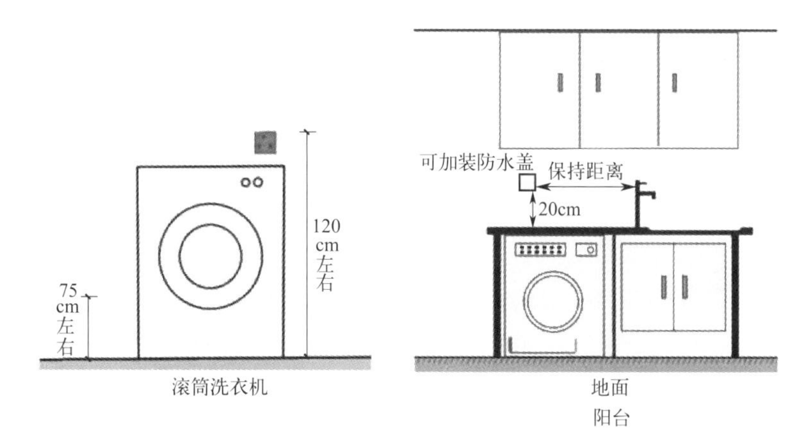

3.7　过道安装卫生间开关与地脚灯的做法

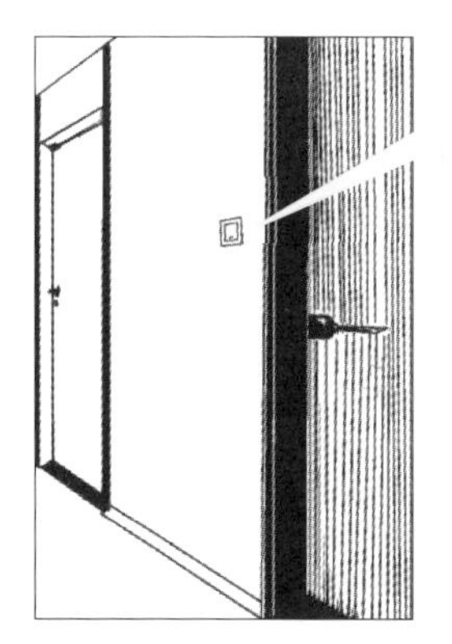

经典与传统，
过道安装卫生间开关，不安装地脚灯

[经典传统做法]

以前，过道安装卫生间开关，不安装地脚灯。

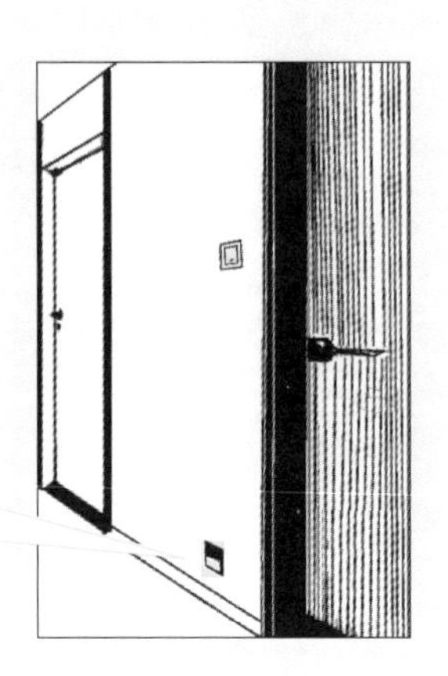

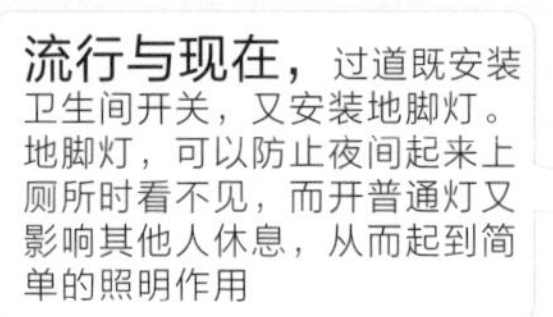

【新做法】

现在，过道既安装卫生间开关，又安装地脚灯。地脚灯，可以防止夜间起来上厕所时看不见，而开普通灯又影响其他人休息，从而起到简单的照明作用。

装修法宝

地脚灯接线

电源线紧固螺钉

220V电源线

火线

零线

3.8 新型灯——线性灯的应用做法

[经典传统做法]

以前，装修用灯主要是吸顶灯、吊灯、壁灯等，很少使用线性灯等灯具。

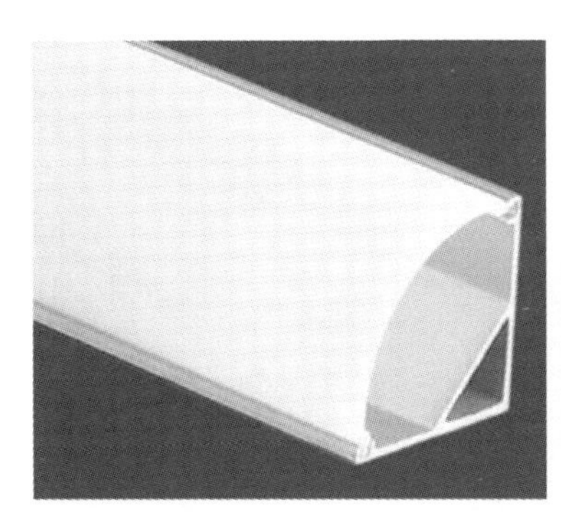

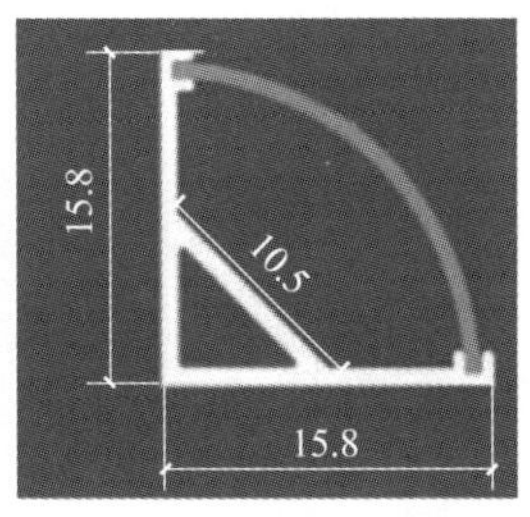

三角形线性灯，可以应用于窗帘盒等位置

扫码看视频

新型灯——线性灯的应用做法

【新做法】

现在，流行采用线性灯等。

装修法宝

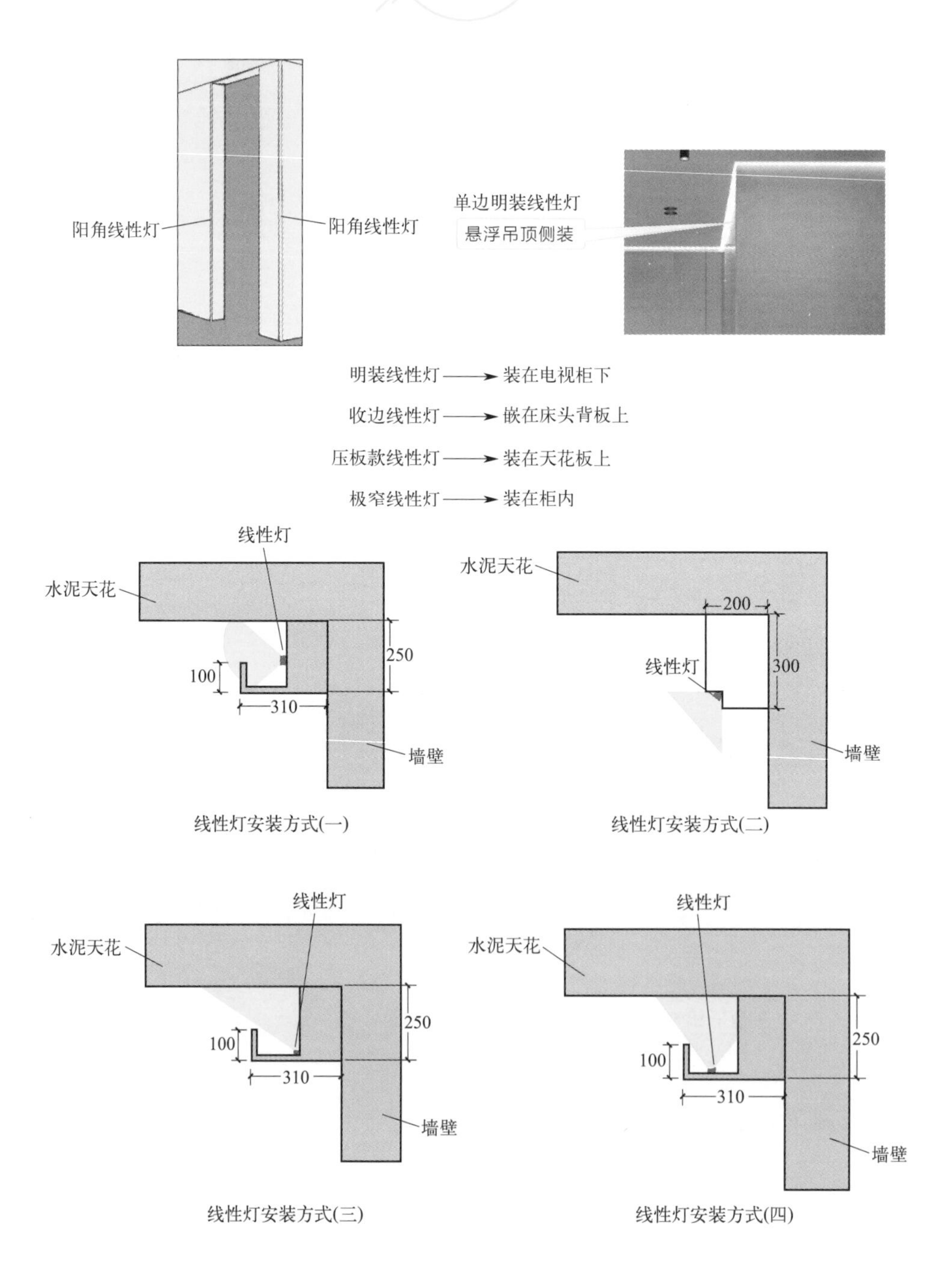

线性灯安装方式(一)

线性灯安装方式(二)

线性灯安装方式(三)

线性灯安装方式(四)

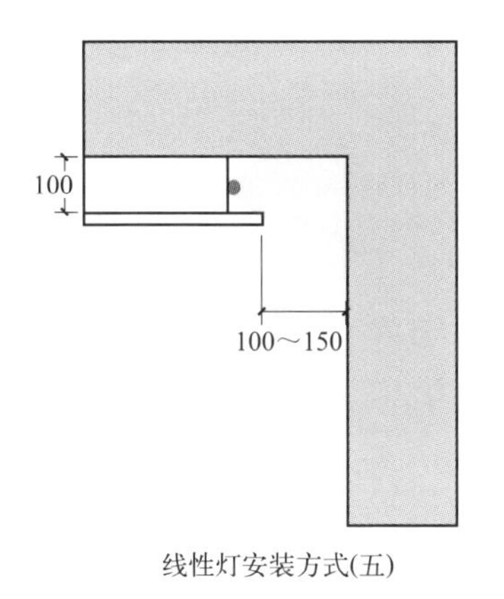

线性灯安装方式(五)

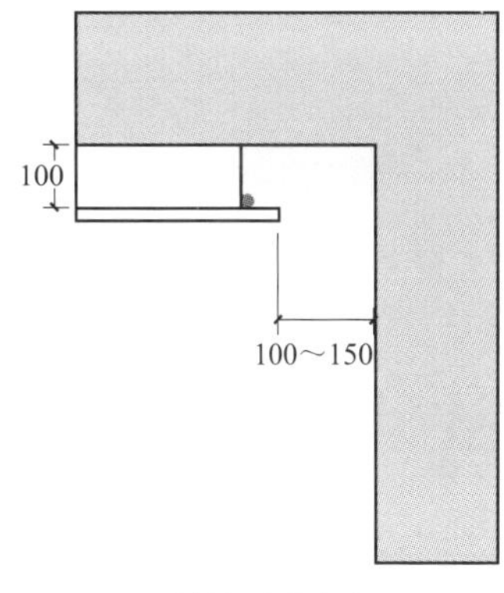

线性灯安装方式(六)

3.9　槽中安装灯的做法

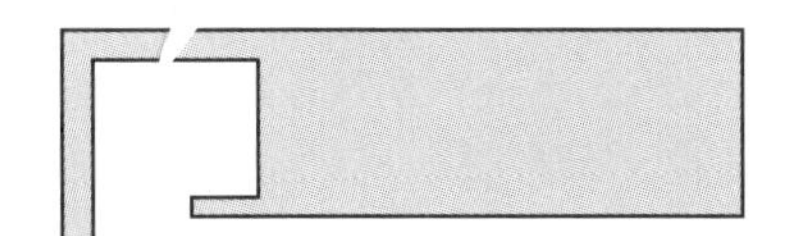

槽中没有安装灯

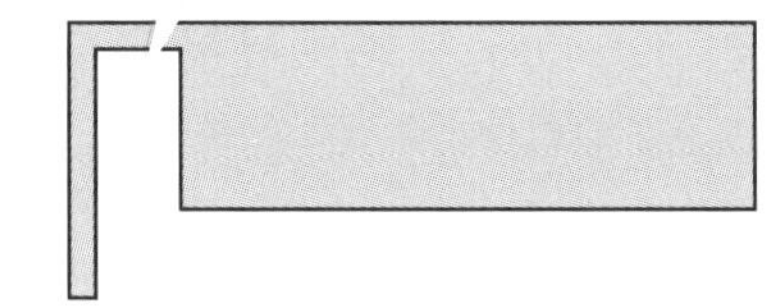

[经典传统做法]

以前，槽中没有安装灯。

选择隐蔽位置安装灯具或
选择美观性比较高的灯安装

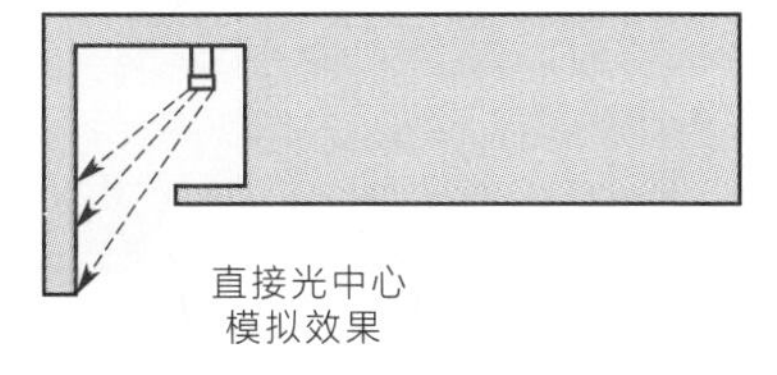

注意尺寸是否影响光的扩散

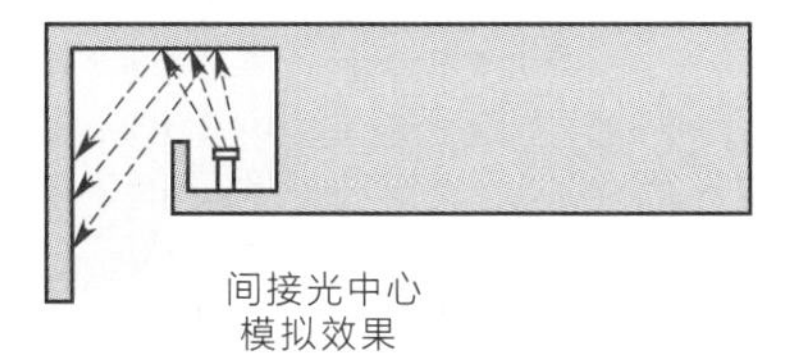

【 新做法 】

槽中安装灯，有直接光和间接光之分，效果不同。

灯的效果与灯槽结构有关

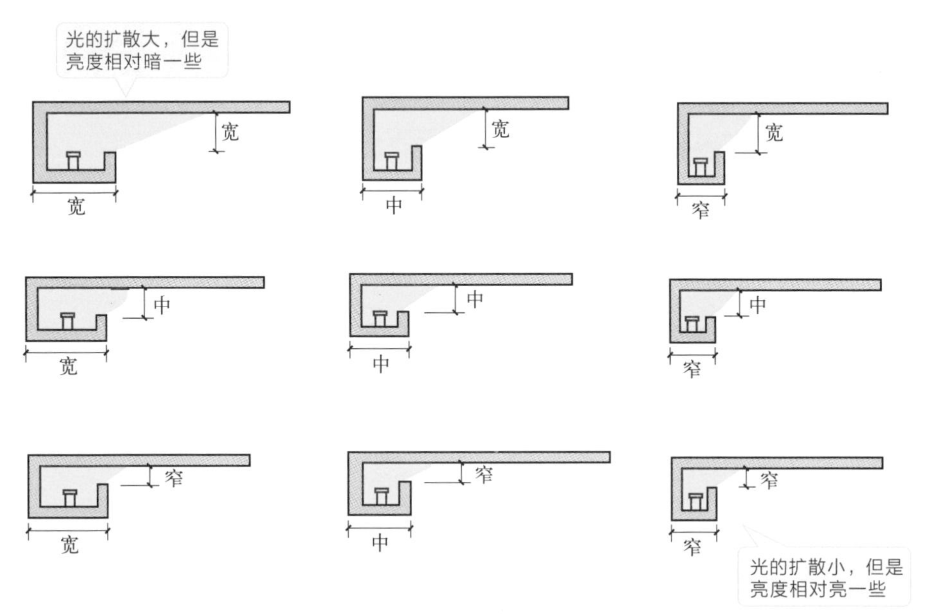

3.10 玄关安装感应灯的做法

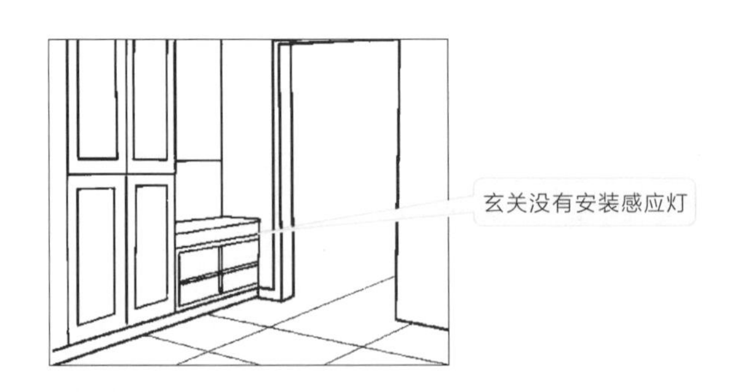

[经典传统做法]

以前，玄关没有安装感应灯，往往安装普通开关与灯具。

扫码看视频

玄关安装
感应灯的做法

【新做法】

玄关进口的地方安装感应灯，每次回家不会一片漆黑。避免提了东西，没闲手去开灯的情况。

装修法宝

人体感应灯

① 无线人体感应灯，粘贴位置毫无拘束。有线人体感应灯，有不同的电压，需要布线。

② 感应灯，分为声光控感应（适合玄关感应灯等）、双亮声控感应（适合玄关感应灯、明暗走廊等）、光控红外感应（适合消防楼道、公共楼道挨近窗户位置等）、红外感应（适合洗手间、大楼走道、家居玄关、消防楼道、衣柜、进门处、晾衣阳台、储物间等）、声控感应（适合卫生间、公共楼道位置等）等。

③ 开口较窄的玄关，玄关人体感应灯安装在墙壁上，应选择直径较小的灯具，安装高度大约 2000mm。

④ 玄关人体感应灯在房门附近安装时，可以与上门框齐平。

⑤ 玄关人体感应灯在地脚安装时，安装高度大约 300mm。

3.11 衣柜内部安装感应灯的做法

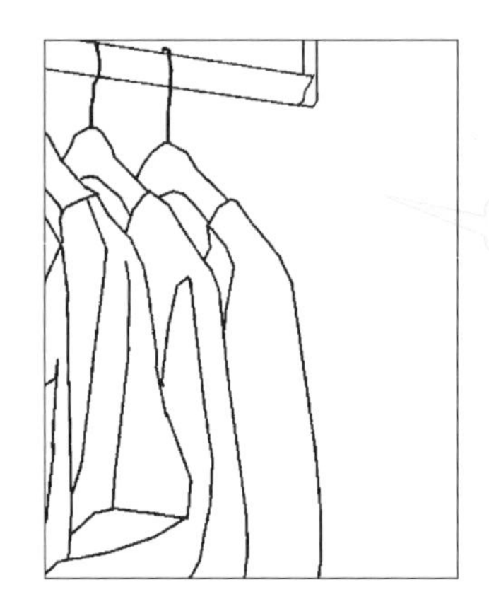

[经典传统做法]

以前，衣柜里面的光线比较弱，没有考虑照明问题。一般只考虑衣柜外面的光线。

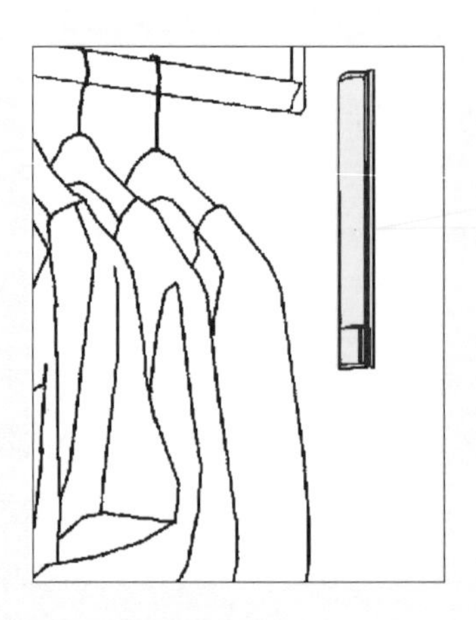

【新做法】

现在，衣柜内部安装感应灯，不仅解决了找衣服时黑暗问题，也提高了幸福感。

装修
法宝

感应灯的特点

① 现在市面上有充电型感应灯、电池型感应灯，无需走线。

② 走廊、卫生间、床底、厨房切菜区、楼梯等地方，也可以安装感应灯。

3.12　玄关设计紫外线消毒灯的做法

以前没有考虑应用
紫外线杀菌灯

[经典传统做法]

由于以前无相关需求，一般也不会考虑用紫外线消毒灯。

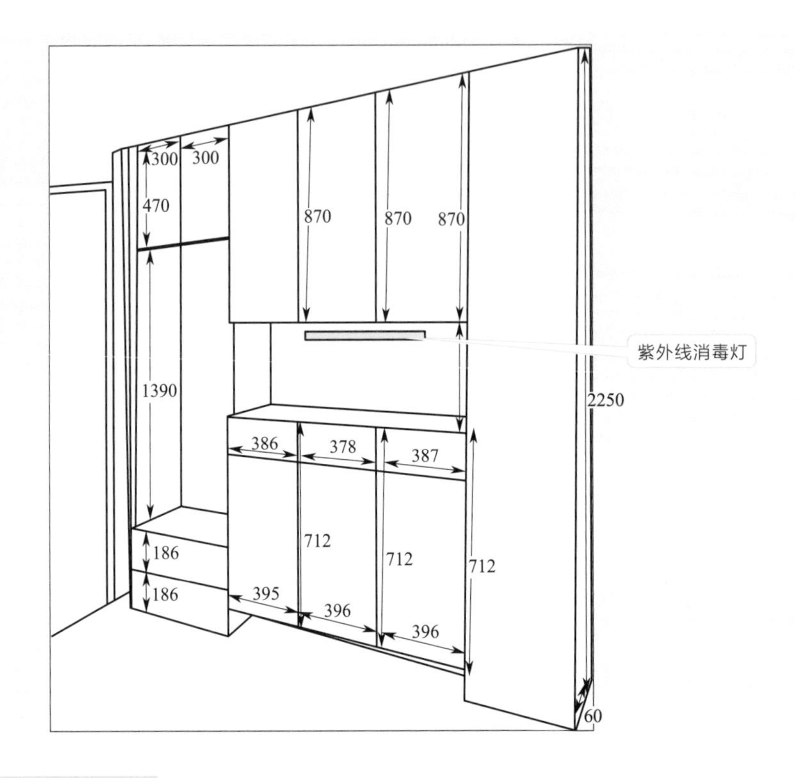

【新做法】

玄关作为入户门区域，应避免通过衣物或者鞋等物品把灰尘、细菌带到家里来。设计选择防尘地垫，以及玄关柜或者鞋柜内部设计安装紫外线消毒灯。

为了消毒，玄关除了传统功能外，特别设计了玄关洗手池、衣物收纳、杀菌等新需求功能。

世界卫生组织定义的“健康住宅”15 条标准如下。

① 会引起过敏症的化学物质的浓度很低。

② 为满足第一点的要求，尽可能不使用易散发的化学物质的胶合板、墙体装修材料等。

③ 设有换气性能良好的换气设备，能够将室内污染物质排到室外，特别是对高气密性、高隔热性来说，必须采用具有风管的中央换气系统，进行定时换气。

④ 在厨房灶具或吸烟处要设局部排气设备。

⑤ 起居室、卧室、厨房、厕所、走廊、浴室等要全年保持在 17 ～ 27℃。

⑥ 室内的相对湿度全年保持在 40% ～ 70%。

⑦ 二氧化碳要低于 1000×10^{-6}。

⑧ 悬浮粉尘浓度要低于 $0.15mg/m^2$。

⑨ 噪声要小于 50dB。

⑩ 一天的日照确保在 3h 以上。

⑪ 设足够亮度的照明设备。

⑫ 住宅具有足够的抗自然灾害的能力。

⑬ 具有足够的人均建筑面积，并且确保私密性。

⑭ 住宅要便于护理老龄者、残疾人。

⑮ 因建筑材料中含有有害挥发性有机物质，所有住宅竣工后需要隔一段时间才能够入住，在此期间要进行换气。

3.13 使用磁吸轨道灯的做法

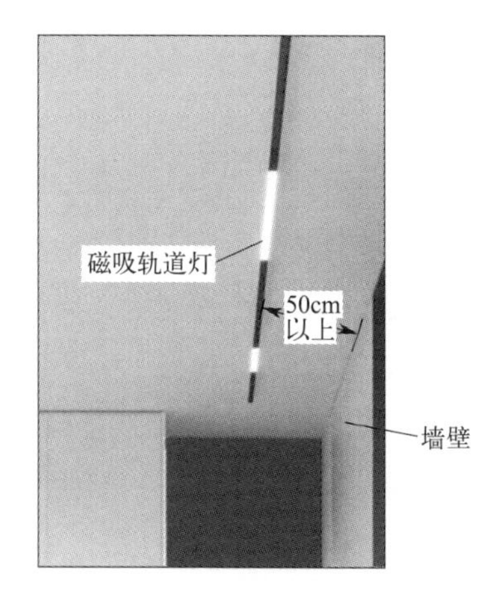

【新做法】

现在，流行采用无主灯设计，其中磁吸轨道灯的应用也越来越普遍。磁吸轨道灯一般离墙壁 50cm 以上，如果有灯槽、边吊、柜子，则需要加上其尺寸。

① 磁吸轨道灯是利用磁性，将灯具吸附在轨道上，以及利用灯具组件内的导电片，与轨道本体内的导电条接触。

② 磁吸轨道灯是安装在类似轨道上的灯，其可以任意调整照明角度，常用作需要重点照明的聚光灯。

③ 预埋式磁吸轨道灯的轨道宽度不同。磁吸轨道灯的轨道宽度有 25mm、40mm 等。某型号磁吸轨道灯的尺寸为：3W 磁吸轨道灯，尺寸为 5.2cm×16cm×10cm；7W 磁吸轨道灯，尺寸为 7.1cm×17cm×11cm；12W 磁吸轨道灯，尺寸为 9.9cm×26cm×18cm；18W 磁吸轨道灯，尺寸为 11.4cm×27cm×17.7cm。

④ 磁吸轨道灯往往需要变压器将 220V（AC）电源转换为 24V、48V。因此，设备安装过程中需要配备专用的磁吸轨道灯变压器。

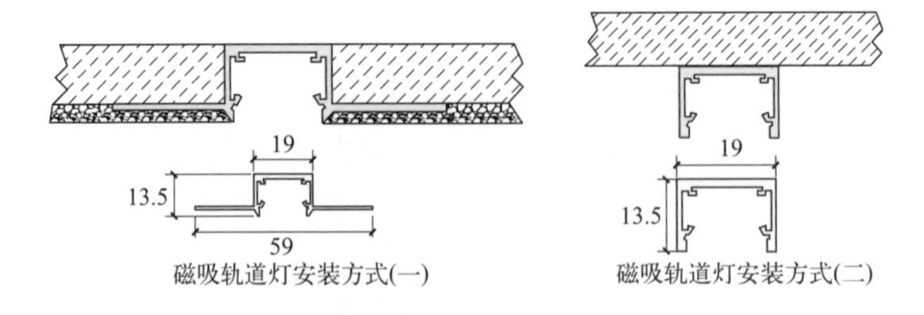

磁吸轨道灯安装方式(一)　　磁吸轨道灯安装方式(二)

3.14　主灯辅灯均设计的做法

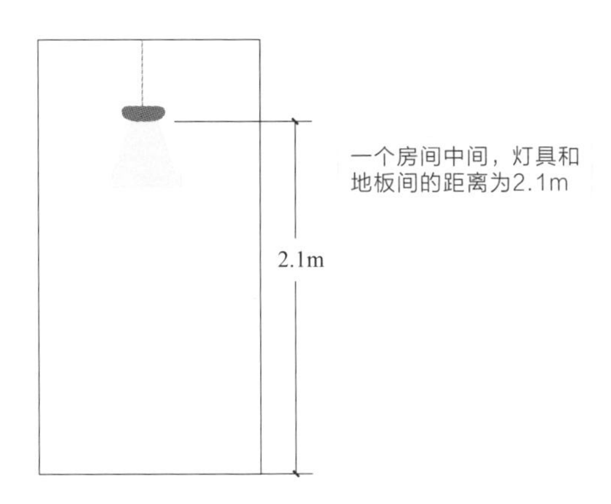

[经典传统做法]

以前，只考虑主灯的设计，仅考虑照明，辅灯很少用。

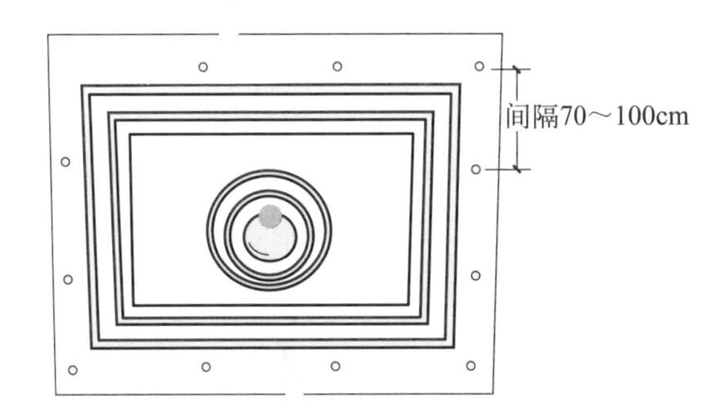

【 新做法 】

现在，辅灯用得少，设计少不了，美观自然来。也可以只把主灯的作用减弱，利用不同灯具分区或组合，做到无死角照明，打造见光不见灯的场效。

灯的应用设计

① 客厅灯具以吊灯、吸顶灯、落地灯为主。复杂的天花造型，可以辅以巢灯、筒灯。

② 客厅较大(超过 $20m^2$)，并且层高在 3m 以上，宜选择大一些的多头吊灯。

③ 餐厅吊灯高度一般设计为大约 1.3m，桌子台面照亮充分，便于使用。

④ 餐边柜吊柜底部设计灯带，并且离台面近，充分照亮，具有装饰作用。

3.15 床头不放台灯，安装小吊灯的做法

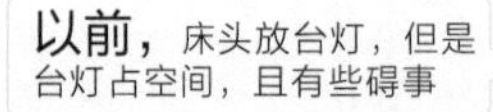

[经典传统做法]

以前，床头放台灯，但是台灯占空间，且有些碍事。

现在，考虑安装小吊灯，增加床头柜空间。床头吊灯安装距离墙面一般要50cm左右，吊灯安装高度最好为灯口距离地面1.5～1.7m

【新做法】

现在，考虑安装小吊灯，增加床头柜空间。床头吊灯安装距离墙面一般要50cm 左右，吊灯安装高度最好为灯口距离地面 1.5~1.7m。

装修法宝

床头灯应用的设计

① 普通床头灯的色彩，应以泛着暖色或中性色的为宜，例如橙色、乳白色、鹅黄色等。

② 床头灯的光照效果应亮堂且温和。床头吊灯的高度，不宜挂得过低，以免收拾床铺时被掀起的床品碰到。

③ 若习惯睡觉前阅读，床头灯的光照范围应略大一点，即床头灯应高于看书时的习惯姿势。

④ 若床靠边放置，床头灯吊灯以在卧房中央位置为佳。若床放在卧房中间区域，床头灯可以床为中心点设置方位。

3.16 客厅采用无主灯的做法

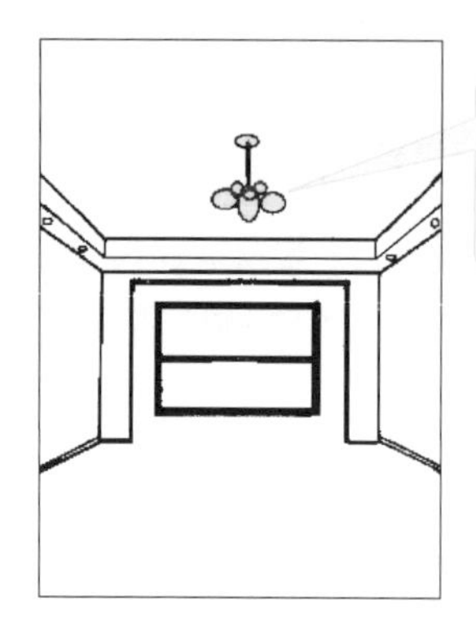

以前，客厅采用有主灯设计，主灯就是主要光源灯，强度高的灯。辅灯一般是勾勒人物线条轮廓，或者补偿暗部细节的灯

[经典传统做法]

以前，客厅采用有主灯设计，主灯就是主要光源灯，强度高的灯。辅灯一般是勾勒人物线条轮廓，或者补偿暗部细节的灯。客厅装水晶吊灯，价格贵，耗电，不方便打扫卫生。

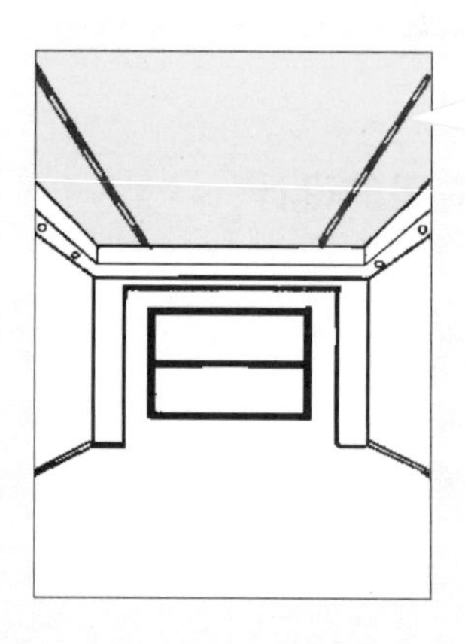

现在，客厅采用磁吸轨道灯，无主灯，可以提供多样全面的舒适照明氛围，让客厅显得更丰富、层次感更美

【新做法】

现在，客厅推荐采用装磁吸轨道灯，无主灯，可以提供多样、全面的舒适照明氛围，让客厅显得更丰富、层次感更美、空间更开阔。

装修
法宝

客厅无主灯设计

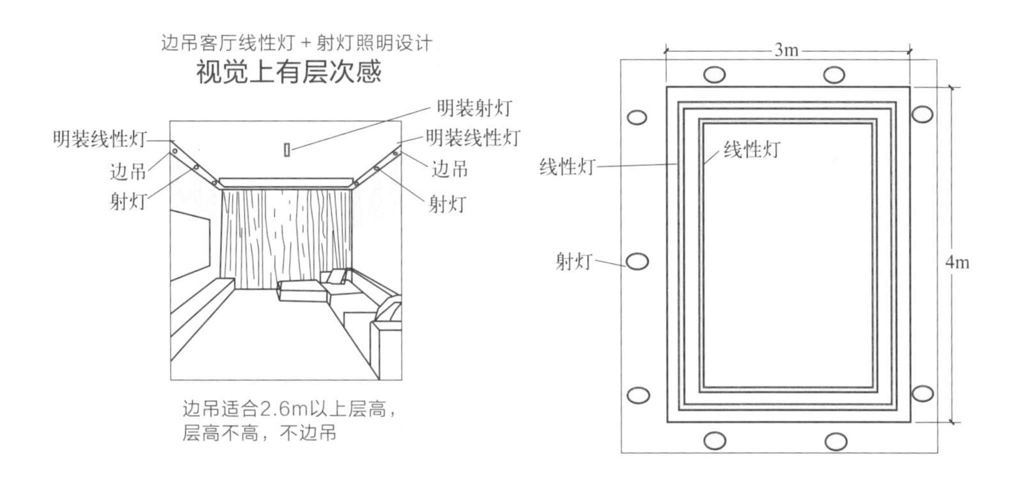

3.17　水电点对点走线的做法

水电走线横平竖直

[经典传统做法]

以前，隐蔽工程的水电走线要求横平竖直。

【新做法】

现在，推崇点对点走线，结合横平竖直，除省材之外，维修也更方便。只是要提供管线图，以免后续工种损坏。同时，点对点走线，也不能走成网状，尽量具有一定的规律与避让后期钉钉位置。

装修法宝

电线连接图例

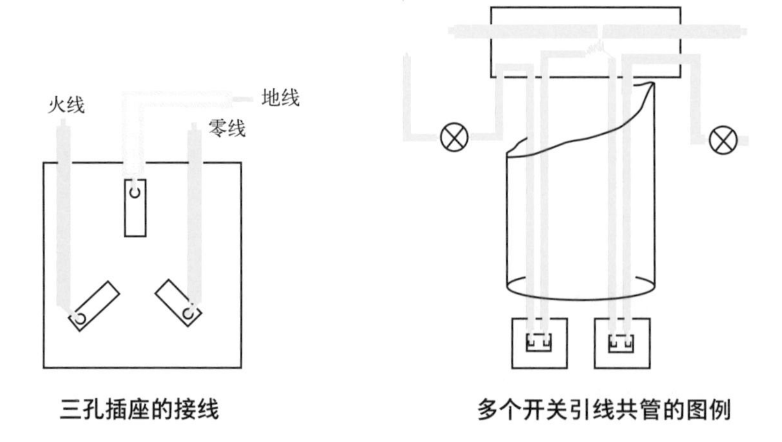

三孔插座的接线　　多个开关引线共管的图例

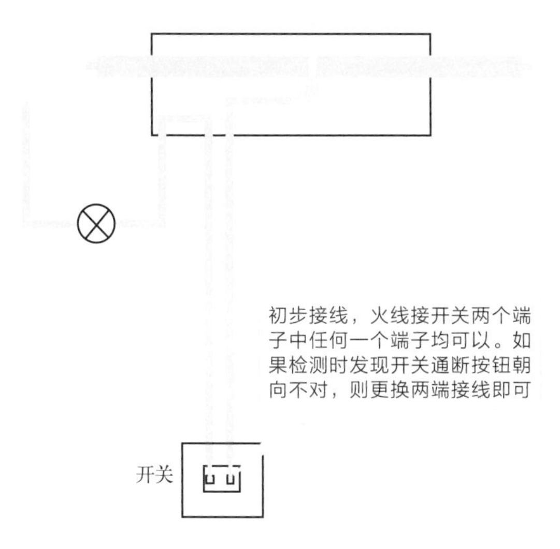

开关的一般接线图例

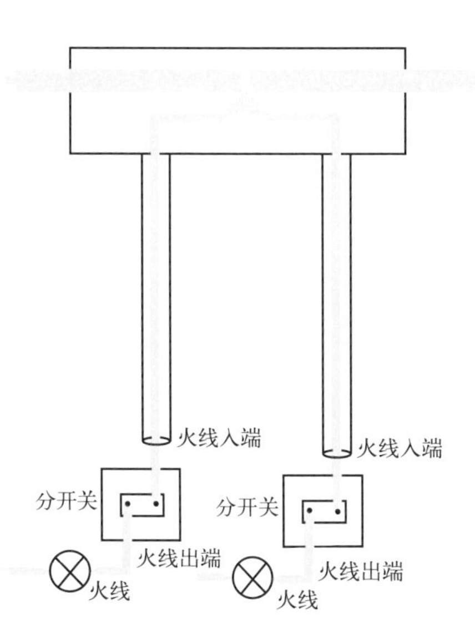

各开关引线的单独布管线盒连接的图例

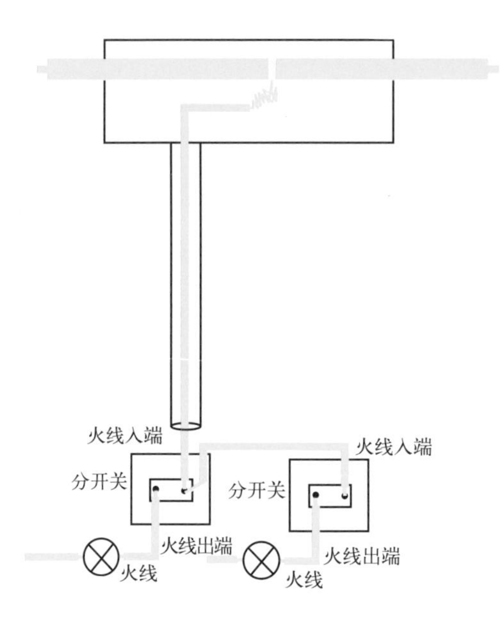

开关引线间的串联连接的图例

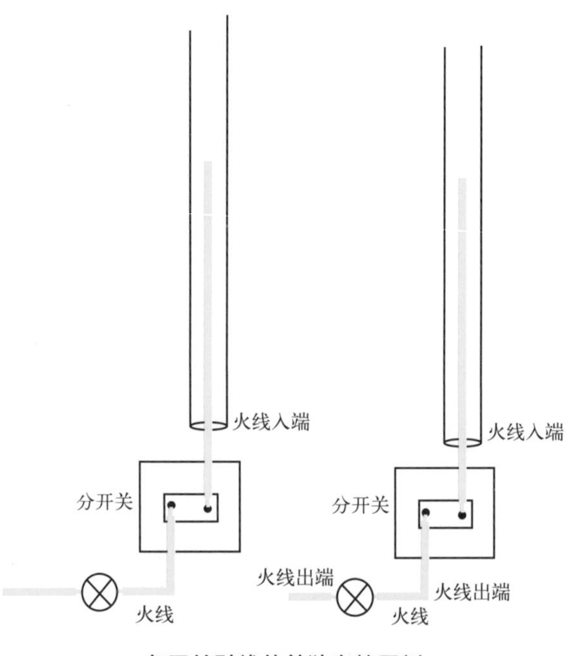

各开关引线的单独布管图例

3.18　侧吸型抽油烟机不会碰头的做法

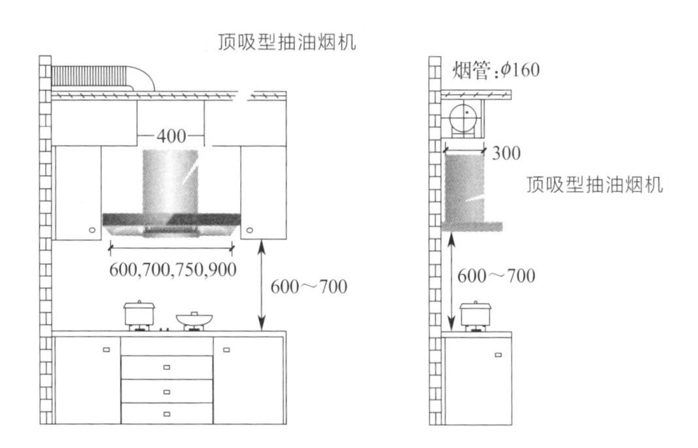

[经典传统做法]

顶吸型抽油烟机造型多、清洗方便。顶吸型抽油烟机使用时不会损失热能，使燃烧更充分。

侧吸型抽油烟机

【 新做法 】

对于顶吸型抽油烟机，炒菜时会带来碰头、滴油等不便。侧吸型抽油烟机节省上方空间，吸油烟效率高。

抽油烟机

① 抽油烟机应安装在燃气灶具中心点正上方位置，其底平面与燃气灶具间的距离为 650~750mm。

② 抽油烟机出风管不宜太长，最好不要超过 2m，并且尽量减少折弯，避免多个 90° 折弯，以免影响抽油烟效果。

③ 侧吸型抽油烟机的安装高度，其底部与炉具上方的距离 350~400mm 为最佳。

④ 顶吸式（欧式）抽油烟机高度一般离台面 700~750mm。

⑤ 中式抽油烟机高度一般离台面 650~750mm。

⑥ 欧式抽油烟机底部距离灶具台面安装参考高度为 650~750mm。

3.19 冰箱流行选择对开门的做法

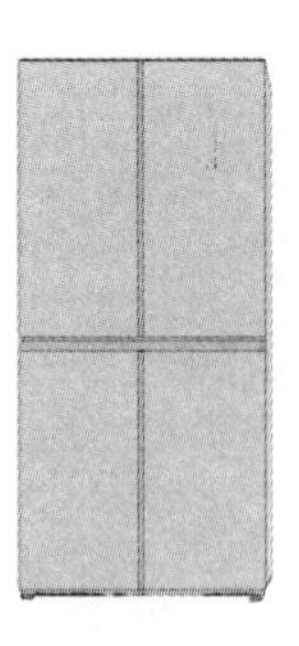

[经典传统做法]

冰箱以前选择十字门式冰箱。

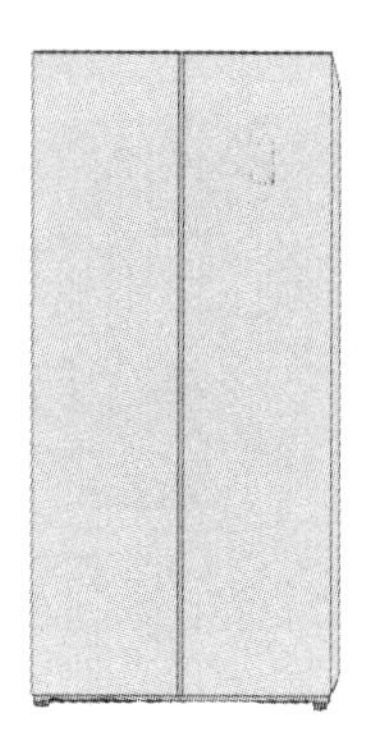

相对于十字门式冰箱，对开门冰箱容量大，功能多，外观更漂亮

【新做法】

十字对开门冰箱的内部实际可用空间一般要小，空间利用率低，大部分占地空间略大，预留空间要大。相对于十字门冰箱，对开门冰箱容量大、功能多，外观更漂亮。如果是房间空间比较大（例如大平层），使用冰箱比较看重尊贵大气，则流行选择十字对开门冰箱。如果房屋空间比较小，使用冰箱比较看重实用与利用率，则流行选择对开门冰箱。

装修法宝

选择冰箱的细节

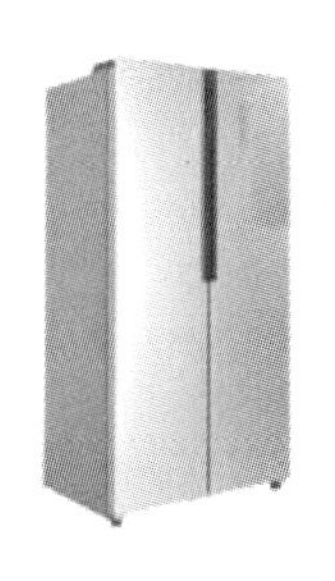

买金属面板的冰箱

实用，空间大

不买玻璃面板的冰箱

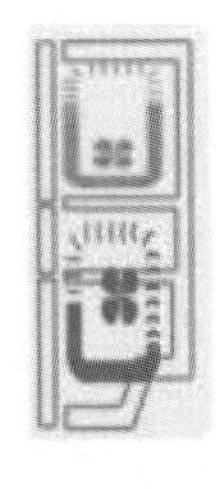

买双循环的冰箱

分层控温，精准

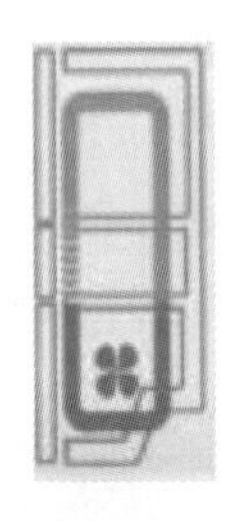

不买单循环的冰箱

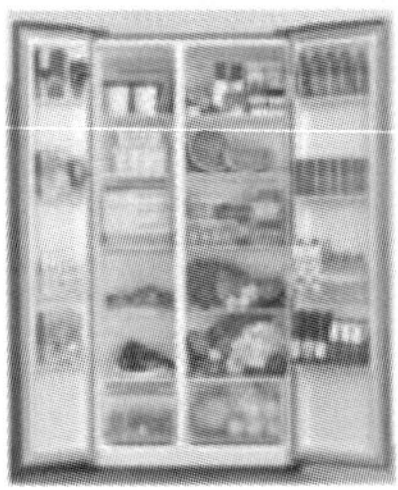

买双排抽的冰箱

实用，空间大

不买一排抽的冰箱

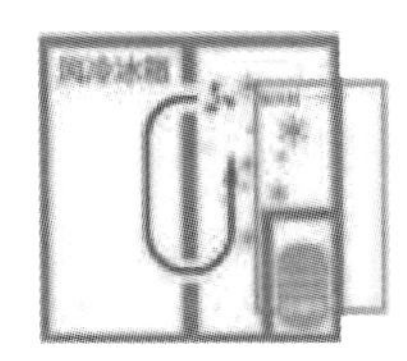

买风冷无霜的冰箱

制冷均匀，不结霜

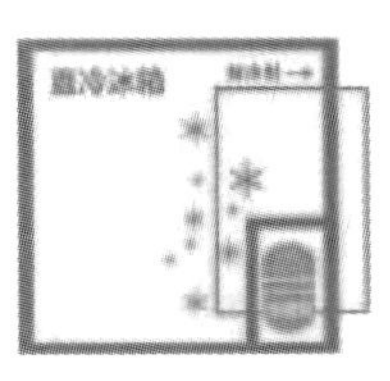

不买直冷的冰箱

3.20 空调孔洞往外倾斜的做法

空调孔洞往外没有倾斜

[经典传统做法]

空调孔洞没有往外倾斜，只是打孔时方便一些。

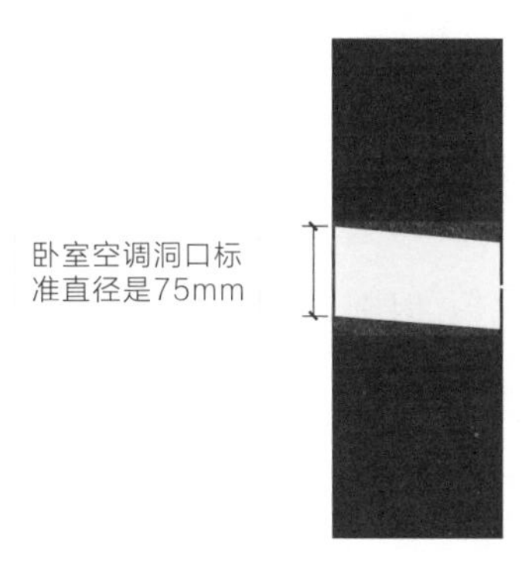

【新做法】

空调孔洞往外倾斜，可以避免雨水往家里流的现象。

装修法宝

空调孔洞

① 空调预留洞口标准尺寸高不能少于 2.2m，卧室空调洞口标准直径是 75mm，墙距是 10cm，高度是 2.2m，空调开关安装高度是 1.8m。

② 空调预留洞口管道安装后，要把多余的缝隙塞住，以防止蚊子飞进室内，同时起到美观的作用。

③ 安装空调时，空调开关插座要安装在预留孔周围，这样美观些。卧室空调、孔洞、电源插座布置不可以相隔太远，否则会有明线，影响美观。卧室空调插座尽量隐藏到窗帘后面，插座也能完美隐藏。

3.21 卧室不装挂机而装风管机的做法

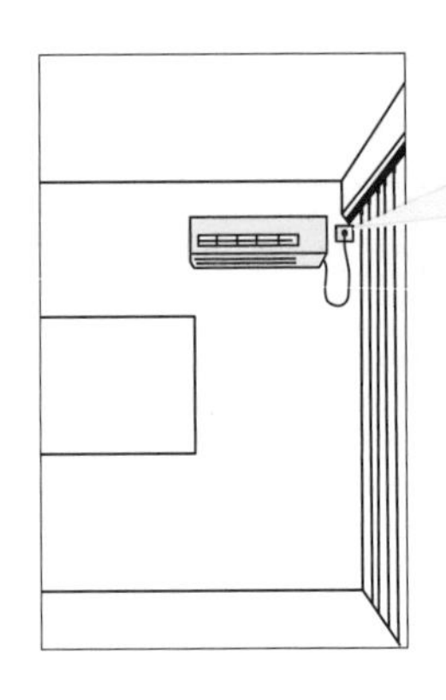

[经典传统做法]

以前，卧室装挂机，因价格低、外观小巧、维修成本低、安装便捷等而采用，但是舒适度不高、影响房屋装修风格等。

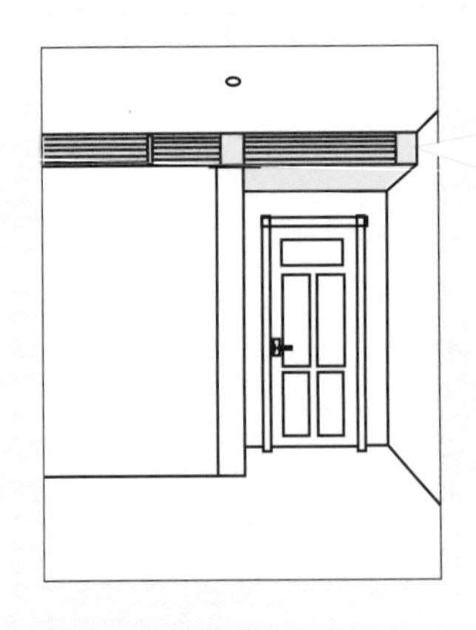

扫码看视频

卧室不装挂机而装风管机的做法

【新做法】

现在，风管机具有冷量分配均匀、美观等特点，但是风管机安装需要做吊顶，对隐蔽和美观性要求比较高的，优先考虑风管机。

装修法宝

空调应用的设计

① 风管机是属于比较简单的中央空调。风管机是一拖一，即一台风管机对应一台室外机。室内机与室外机通过风管连接。

② 风管机占室内层高大约 25cm 的高度距离。

③ 空调功率匹数与室内面积匹配换算：1 匹对应 10~15m^2；1.5 匹对应 15~20m^2；2 匹对应 20~30m^2；3 匹对应 30~50m^2。

④ 空调功率匹数与室内面积匹配估算：匹数 ×10 ≈房间面积（m^2）。

3.22　客厅不装立式空调的做法

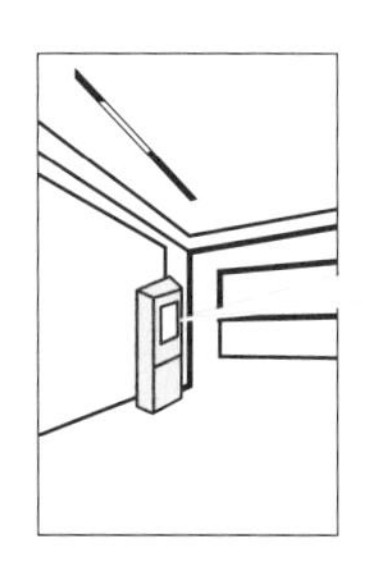

经典与传统， 客厅装立式空调，安装容易、方便。但是，对着沙发，吹得人不舒服

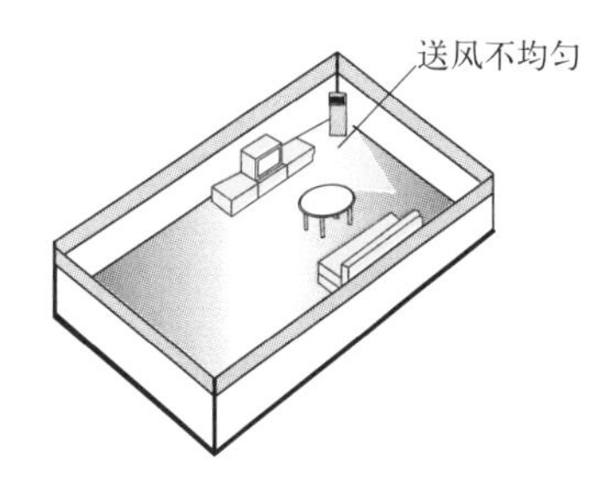

[经典传统做法]

以前，客厅装立式空调，安装容易、方便。但是，对着沙发，吹得人不舒服。

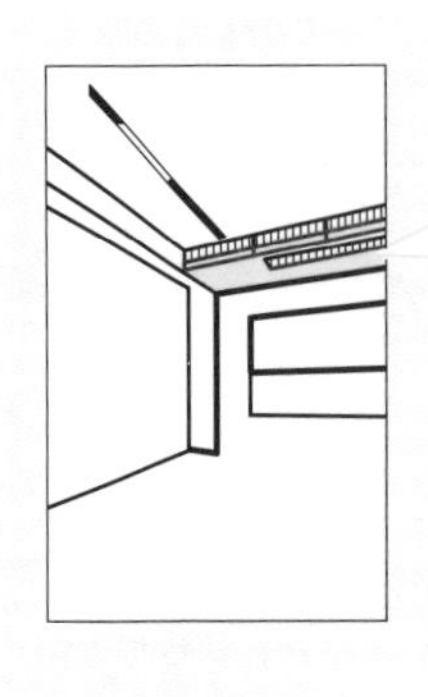

流行与现在，客厅装风管机，好看，还舒服

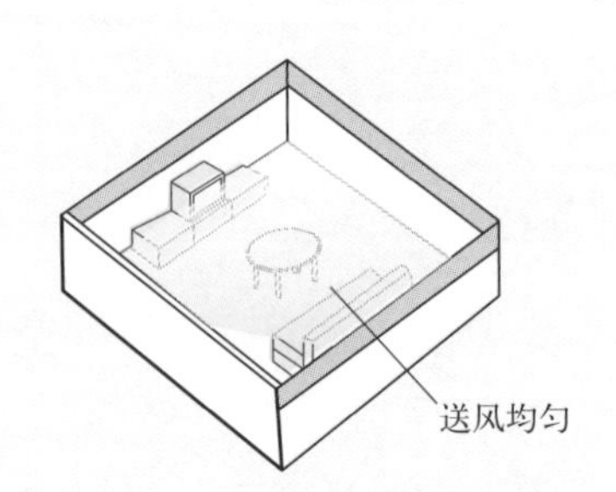

【新做法】

现在，客厅装风管机，好看，还舒服。

立式空调、风管机与中央空调

① 风管机是一拖一，也就是一外机对应一内机。

② 中央空调是一拖几，也就是一外机对应内机 N 台。

③ 立式柜式空调，具有功率大、风力强等特点，常适用于较大面积的空间。

④ 不同品牌的立式柜式空调尺寸不完全一样，例如有 540mm×380mm×1750mm、530mm×349mm×1800mm 等尺寸。

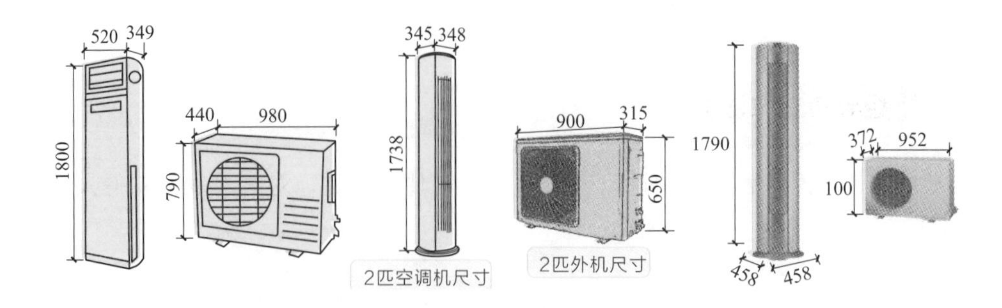

⑤ 普通风管机出风口尺寸，根据风管机的匹数来确定。风管机出风口尺寸越大，则风量越大，制冷、供暖效果则越好。

⑥ 风管机风口有出风口、回风口之分。出风口尺寸会受回风口尺寸直接影响。

⑦ 普通风管机回风口尺寸为 400mm×400mm 等规格。

⑧ 1~1.5 匹风管机出风口尺寸有 520mm×130mm、650mm×120mm 等尺寸。

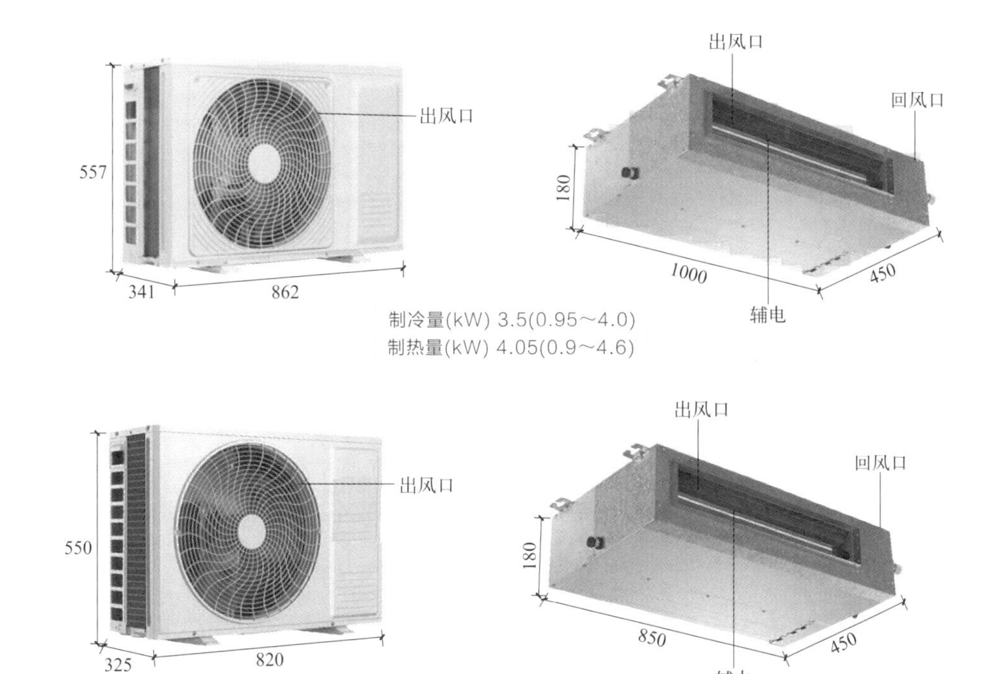

建议内机出回风口开口尺寸

系列	适配内机型号	建议回风开口尺寸（长）/mm	建议出风开口尺寸（宽）/mm	建议内机预留位置（宽）/mm
出风面板	18~36 制冷量	717	114	≥ 1300
	45~56 制冷量	868		≥ 1670
	63~71 制冷量	1167		≥ 1670
检修一体回风面板	18~36 制冷量	887	287	≥ 1300
	45~56 制冷量	1032		≥ 1670
	63~71 制冷量	1482		≥ 1670

3.23 不装吊装投影机，改用落地移动投影机的做法

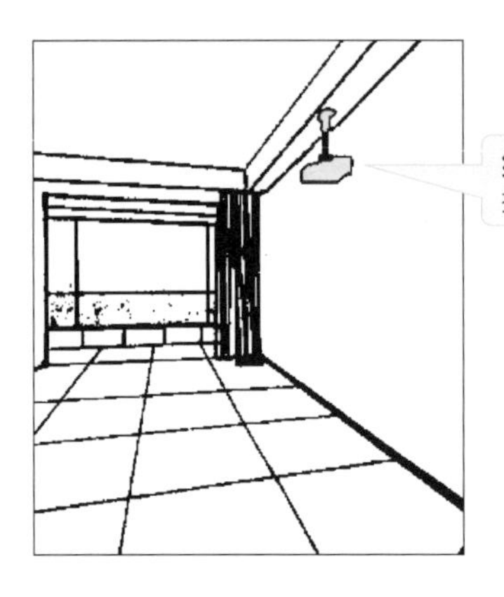

[经典传统做法]

以前，吊装投影机，主要是固定吊装。

【新做法】

现在，采用落地移动投影机，便于调整。

装修法宝

投影机的距离

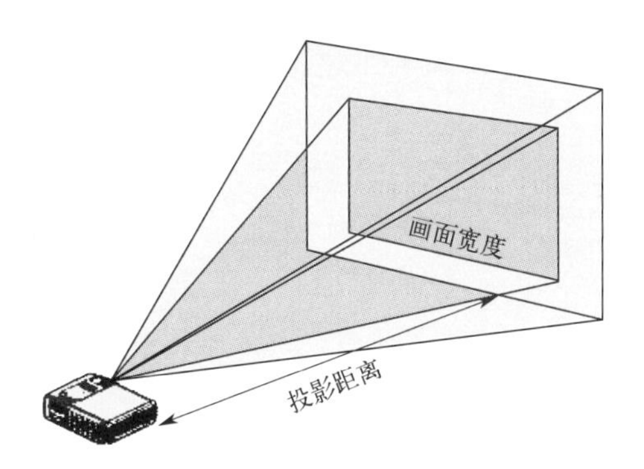

投影机安装距离的计算方法：

最小安装距离(m)=最小投射比例 × 投影画面宽度(m)

最大安装距离(m)=最大投射比例 × 投影画面宽度(m)

投射比=投影距离/画面宽度

最小投射距离(m)=最小焦距(m) × 画面尺寸(in) ÷ 液晶片尺寸(in)

最大投射距离(m)=最大焦距(m) × 画面尺寸(in) ÷ 液晶片尺寸(in)

1in=2.54cm

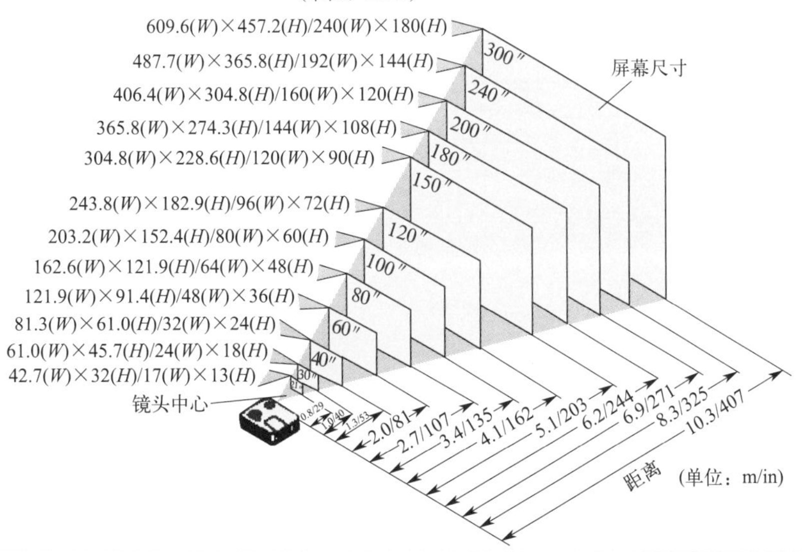

3.24 洗菜盆选择台下盆的做法

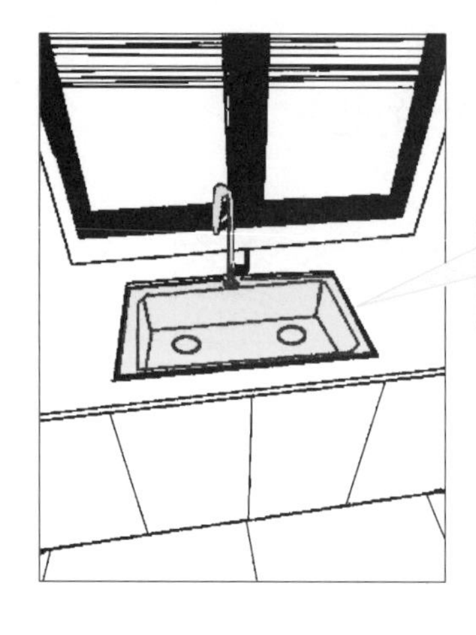

[经典传统做法]

以前，洗菜盆选择台上盆，棱角多，易藏污，不便于打理。

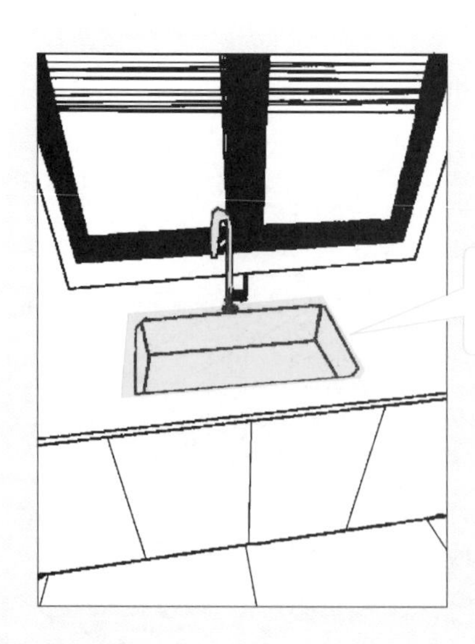

【 新做法 】

现在，洗菜盆选择台下盆，不易藏污，便于打理，也美观。

装修
法宝

洗菜盆的应用安装技能

① 粘贴胶的选择：云石胶用于石材与石材的粘接。石材干挂胶用于石材与金属的粘接。

② 重量大的台盆下，需要采用螺母压板式固定安装。

③ 分粘接式台下盆：先打磨相粘接的两面，等盆面粘接后对中反扣台盆，再外加一圈玻璃胶密封。承重的洗菜盆，则另要加粘 L 形固定石材片。

④ 螺母压板式台下盆：先打磨相粘接的两面，台面石背面预引五金孔，盆面粘接后对中反扣台盆，再加五金压板与螺母固定，以及加一圈玻璃胶密封。

3.25　洗漱台旁边安装带开关插座的做法

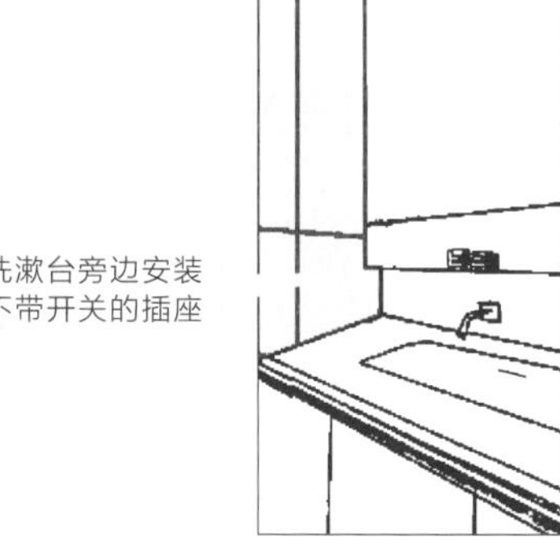

[经典传统做法]

以前，洗漱台旁边安装不带开关的插座。

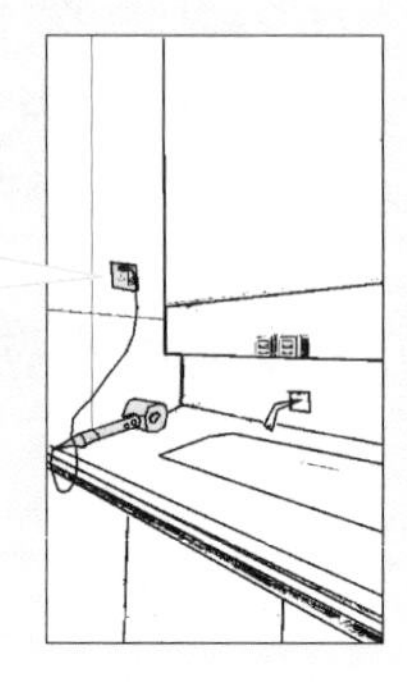

【新做法】

现在，洗漱台旁边安装带开关插座，因为洗漱台旁边的插座使用的电器可能不是一种。

装修法宝

卫生间开关插座高度

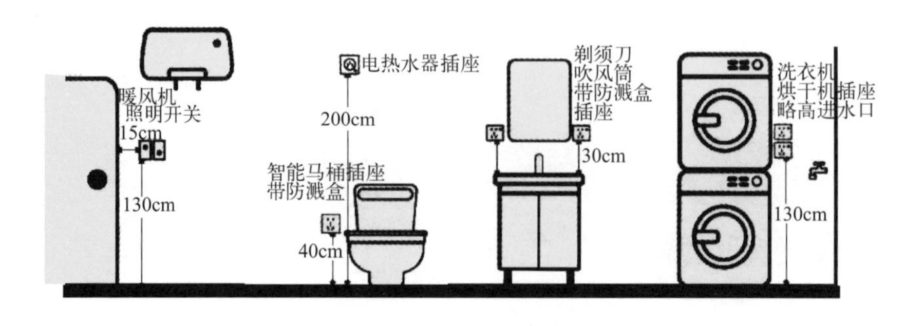

3.26 智能马桶旁左边安装插座，右边安装高压喷头的做法

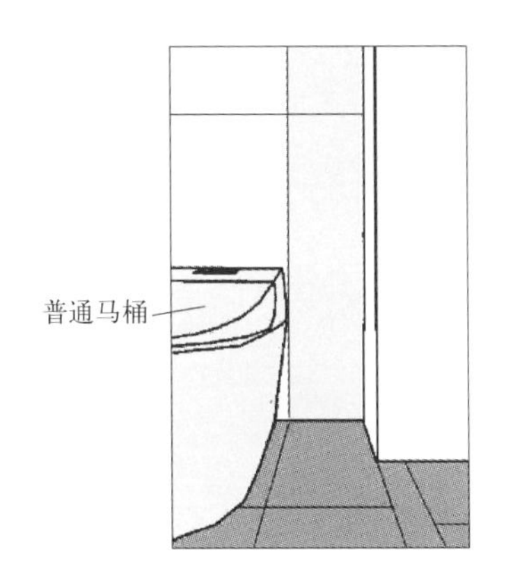

[经典传统做法]

以前，常见安装的是普通马桶。

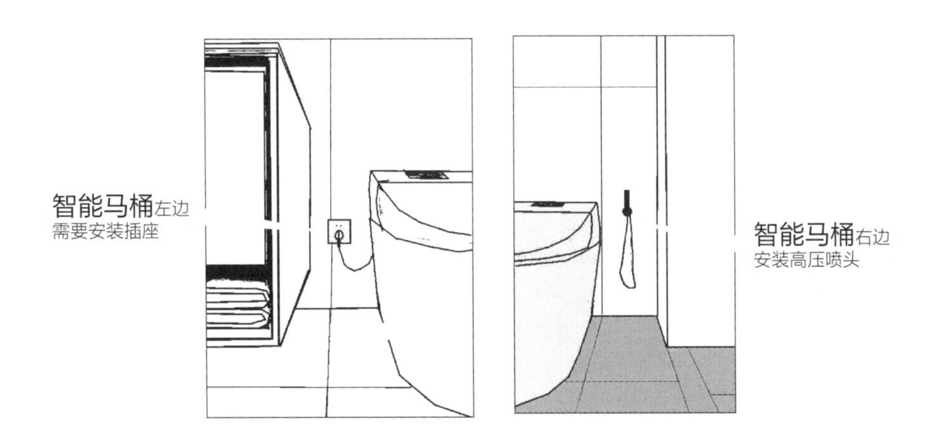

【 新做法 】

现在，智能马桶右边安装高压喷头，并且左边安装插座。

智能马桶安装

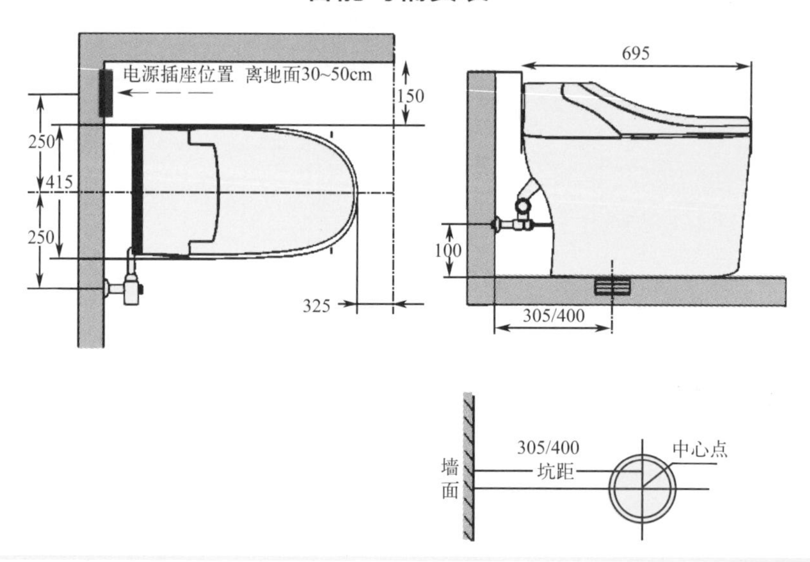

3.27 洗脸盆墙排水的做法

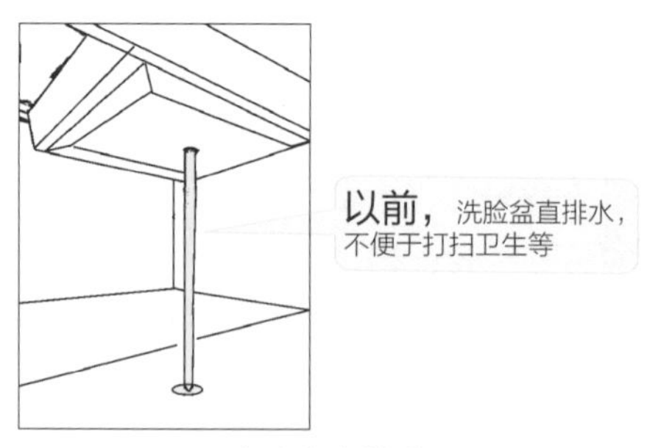

洗脸盆直排水

[经典传统做法]

洗脸盆直排水，不便于打扫卫生等。

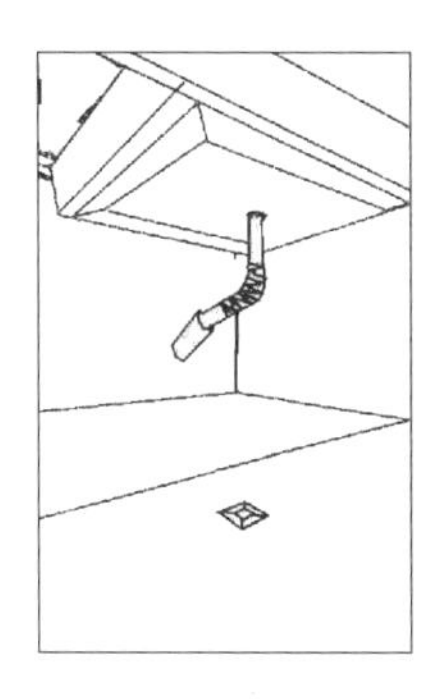

现在，洗脸盆墙排水，便于打扫卫生等

洗脸盆墙排水

【新做法】

洗脸盆墙排水，便于打扫卫生等。

装修法宝——不断改进的墙排水

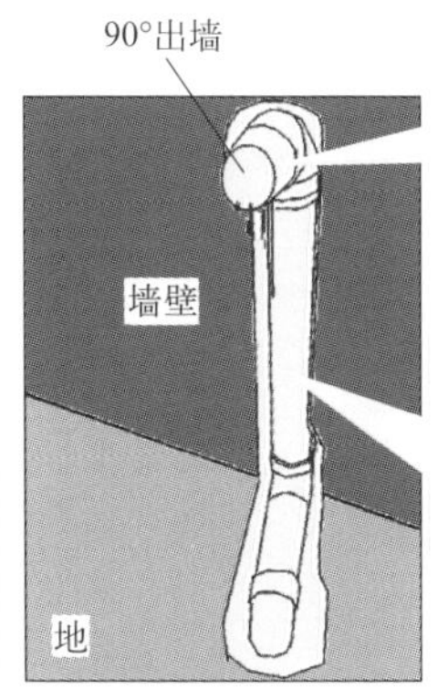

出墙尺寸有20mm、30mm、40mm不等

墙排水就是把地排水改成墙壁内走管排水，而且使用的是90°弯头转接

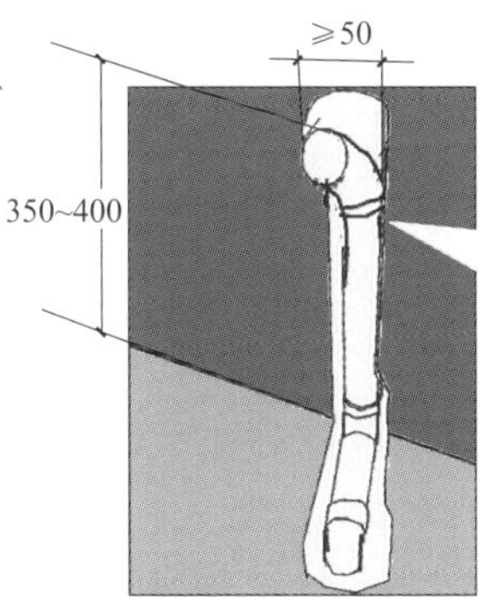

墙排下水用45°出墙。离地面高度350~400mm,45°弯头出墙≥50mm

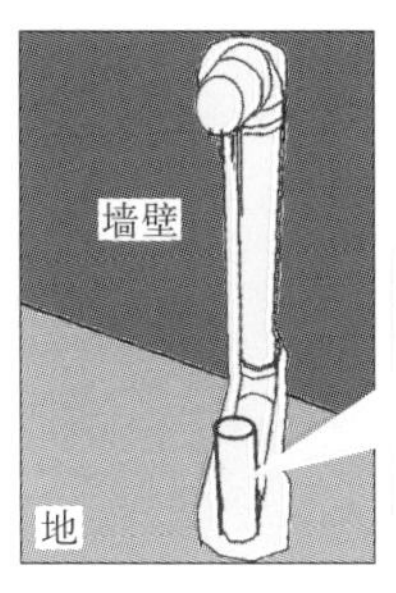

采用三通，一端通墙排水，一端在地面做地漏，这样相当于一个检修口，以便墙排水的检修，另外一通则连接排水管

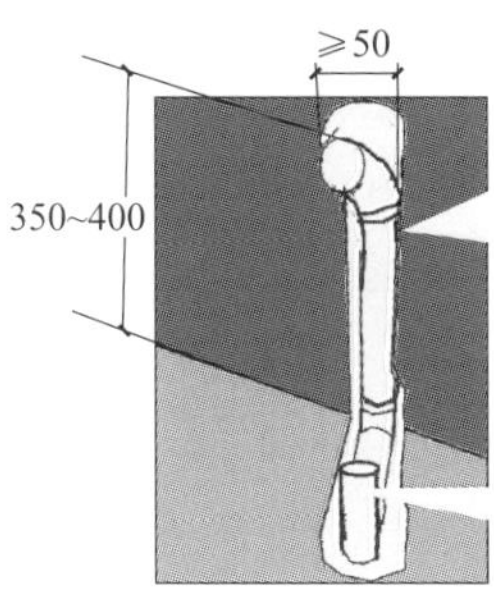

墙排下水用45° 出墙。离地面高度350~400mm,45° 弯头出墙≥50mm

采用三通，一端通墙排水，一端在地面做地漏，这样相当于一个检修口，以便墙排水的检修，另外一通则连接排水管

3.28 马桶排管高出地面 5~10mm 的做法

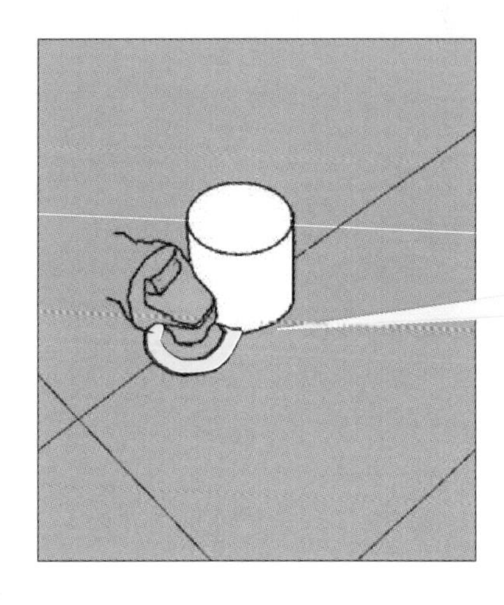

[经典传统做法]

以前，马桶排管与地面平。

【新做法】

现在，马桶排管高出地面 5~10mm，这样安装压实牢靠。

装修法宝

马桶的特点与应用

① 卫生间的布局是根据马桶的下水位置来决定的。

② 马桶排水管的尺寸有多种，一般有 300mm、350mm、400mm、450mm 等规格。根据马桶下水管道的规格，外径有 75mm 或者 90mm，对应的排水管道不一样。

③ 马桶移位器有两种：一体式移位器，适合移位距离比较短的情况；椭圆扁管移位器，适合移位距离比较长的情况。

第 4 章

门窗装修新做法

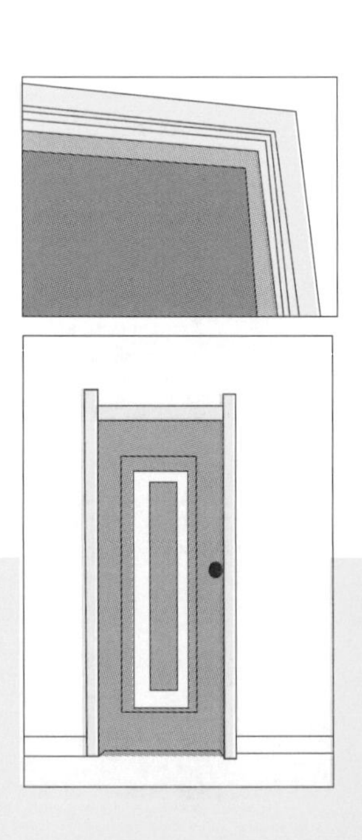

4.1　不再使用复杂门套的做法

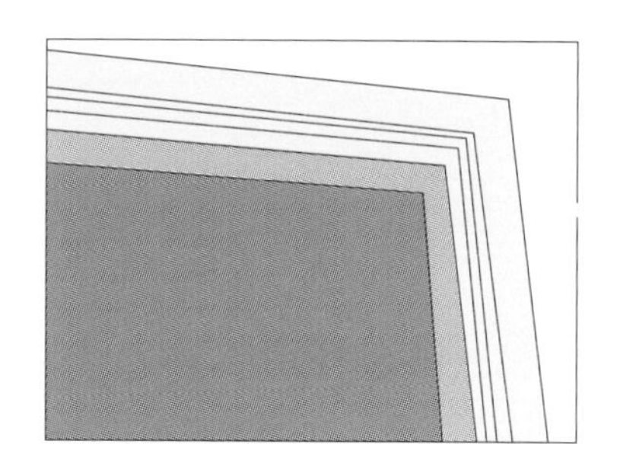

经典与传统，门套用于设在门框四周的装饰造型，起着固定门扇、保护墙角、装饰门、装饰门框等作用，并能产生与墙壁装饰相呼应的效果

[经典传统做法]

以前，门套是用于设在门框四周的装饰造型，起着固定门扇、保护墙角、装饰门、装饰门框等作用，并能产生与墙壁装饰相呼应的效果。

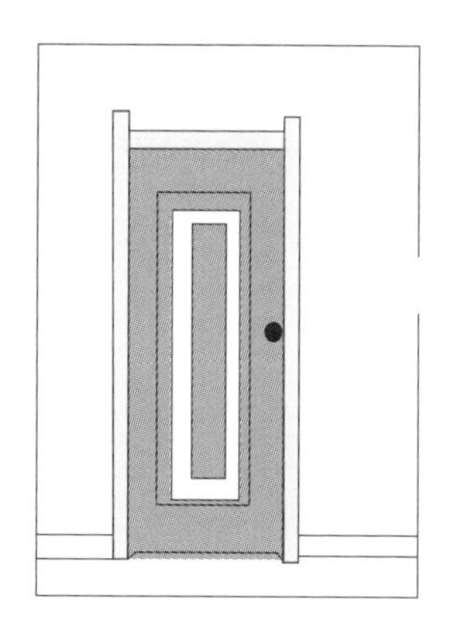

流行与现在，采用门套装饰，易给人杂乱无章的感觉，尤其是小房间。因此，采用简单的线条，反而显得简洁

【新做法】

现在，采用门套装饰，易给人杂乱无章的感觉，尤其是小房间。因此，采用简单的线条，反而显得简洁。

简单线条门

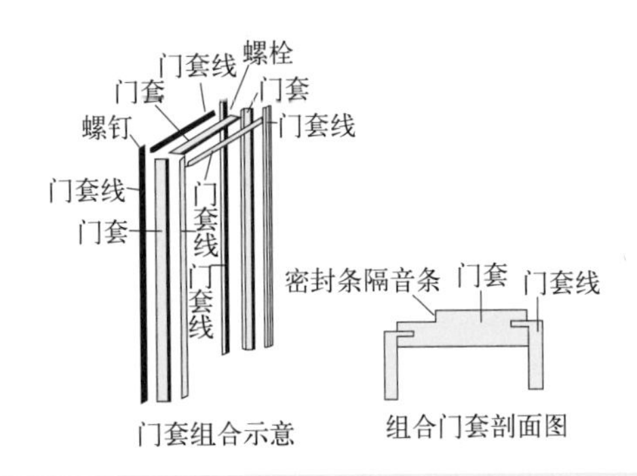

4.2 阳台不做推拉窗，改用断桥铝平开窗的做法

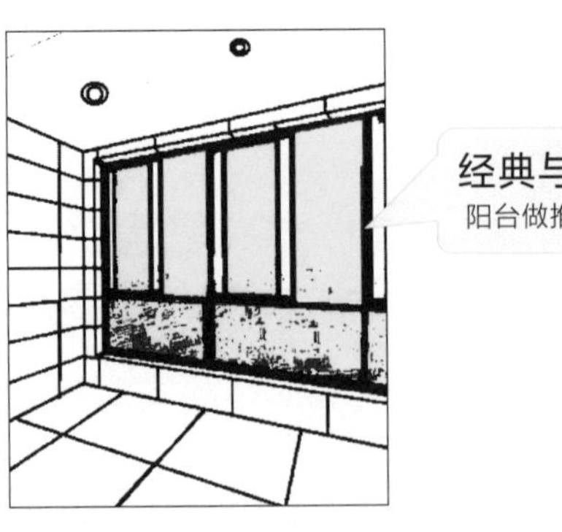

[经典传统做法]

以前，阳台做推拉窗。

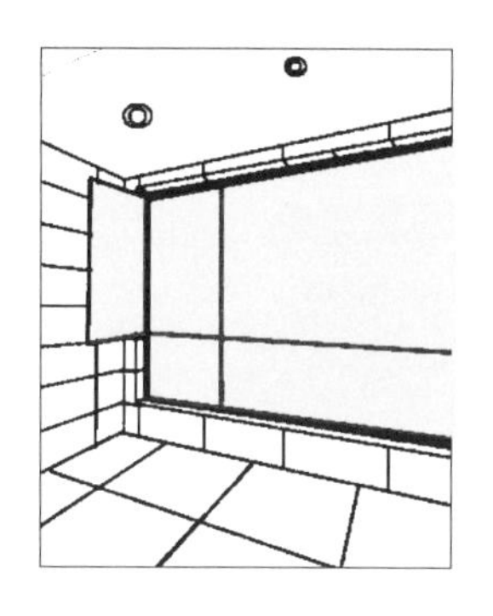

流行与现在，阳台不做推拉窗，改用断桥铝平开窗，隔声好并且不渗水

【新做法】

现在，阳台不做推拉窗，改用断桥铝平开窗，隔声好并且不渗水。

装修法宝

全屋门窗解决方案

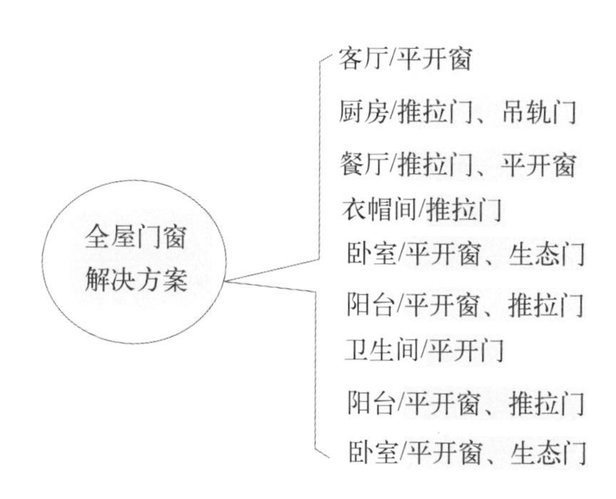

4.3 厨房不装推拉门，改用吊滑门的做法

[经典传统做法]

以前，厨房常采用安装地轨的推拉门。但是，由于推拉门的轨道在地面上，必须在地面上开槽或者做轨道，存在凸出部分，易绊倒，并且不方便打扫卫生。

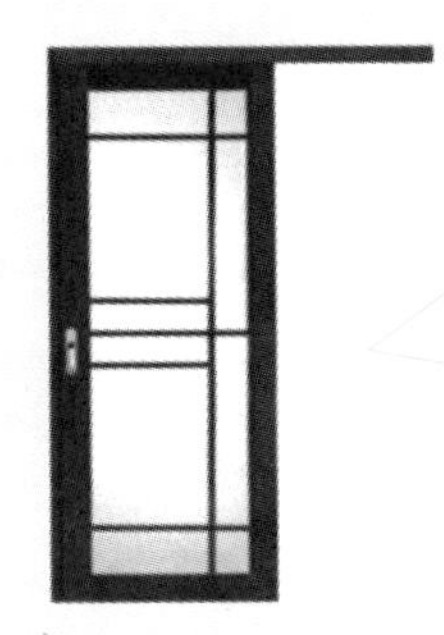

现在，采用吊轨门。吊轨门的轨道在门上面，因此地面平整度和整体感强，而且容易打扫卫生

【新做法】

目前，流行采用吊轨门。吊轨门的轨道在门上面，因此地面平整度和整体感强，而且容易打扫卫生。

厨房推拉门

① 厨房推拉门轨道箱宽度一般大约为 10cm，高度一般大约为 8cm。整体预留高度不得低于轨道箱加正常毛坯高度。

② 厨房门的黄金搭配比例一般为宽（80 ～ 120）cm× 高 200cm。

③ 厨 房双开玻璃推拉门，出口门的尺寸要保持在大约 80cm 或以上的宽度，即两扇门宽度不要小于 160cm。

④ 厨房推拉门的厚度根据厨房的实际设计来选择。推拉门的轨道一般大约为 100mm，小一点的轨道宽度为 35 ～ 50mm。

4.4　卫生间推拉门地面轨道与地面高度差的做法

[经典传统做法]

以前，卫生间推拉门地面导轨与地面的高度差可能超过 15mm，没有统一的标准。

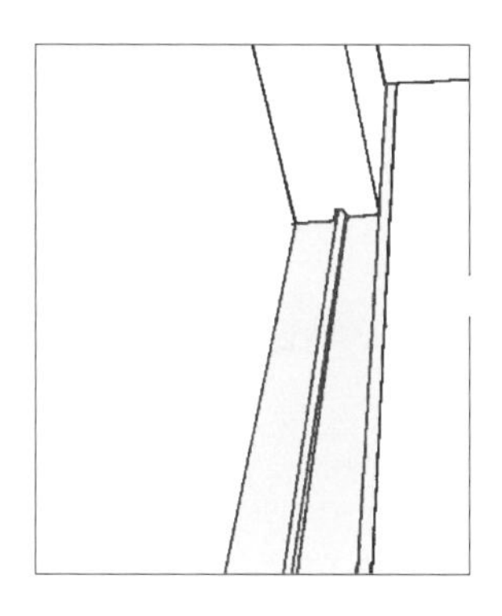

经典与传统，卫生间推拉门地面导轨与地面的高度差可能超过了15mm

【新做法】

现在，卫生间推拉门地面导轨与地面的高度差，不要超过 15mm，以免绊倒人。

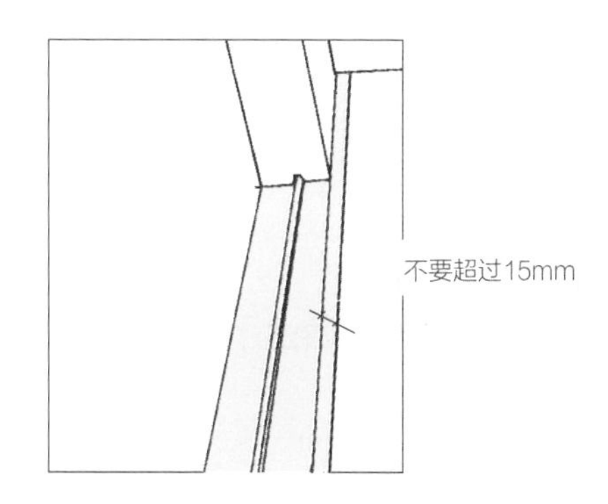

吊轨规格与效果

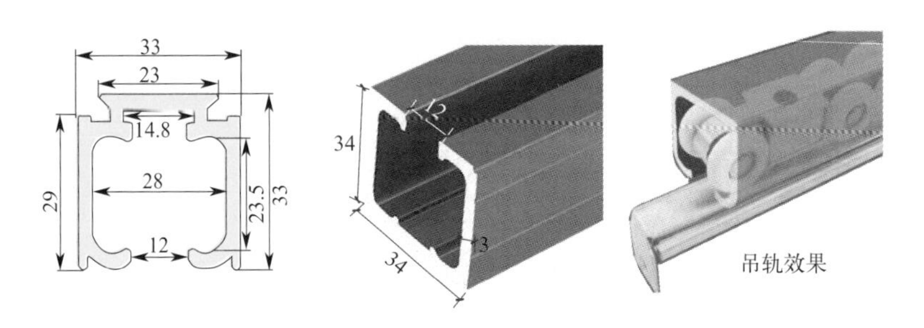

4.5 卫生间门不采用平开门，采用轨道玻璃门的做法

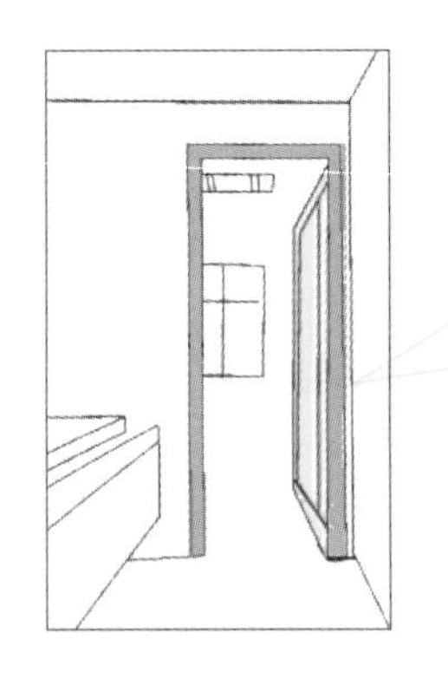

经典与传统，卫生间门采用平开门。平开门是指合页装于门侧面，向内或向外开启的门。平开门打开面积大，需要占空间以供门的开启

[经典传统做法]

以前，卫生间门采用平开门。平开门是指合页装于门侧面，向内或向外开启的门。平开门打开面积大，需要占空间以供门的开启。

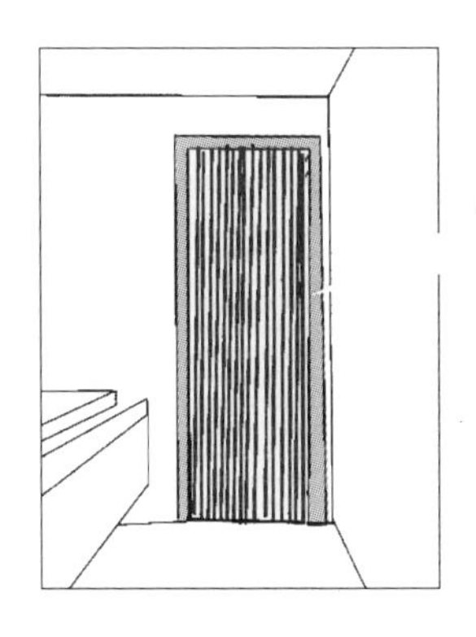

流行与现在，卫生间
采用轨道玻璃门，少占空间

【新做法】

现在，卫生间采用轨道玻璃门，少占空间。

装修法宝

卫生间淋浴房门的类型

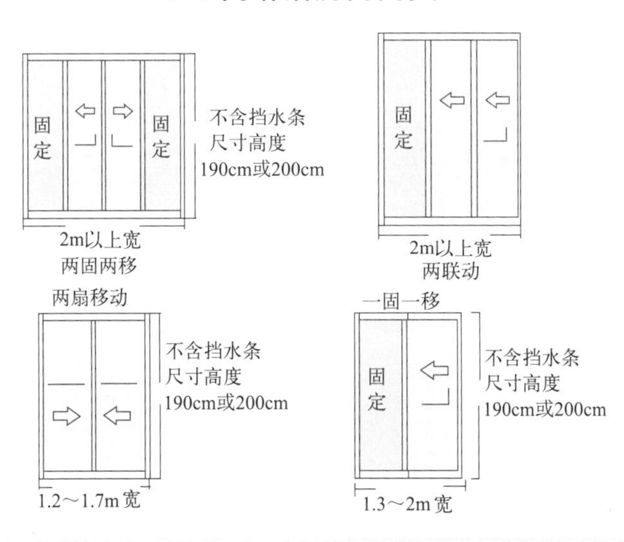

4.6 卫生间门下缘留 3cm 缝隙通风的做法

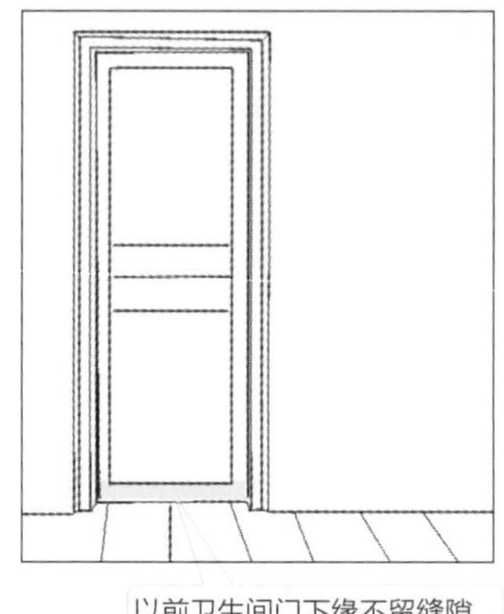

[经典传统做法]

以前，考虑封闭性，卫生间门下缘不留缝隙。

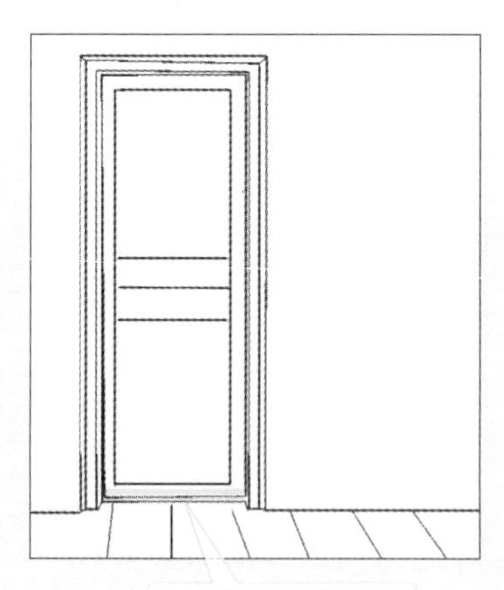

【新做法】

现在，卫生间门下面的位置，留出 3cm 左右的缝隙，起到通风换气、避免门体腐坏、增加卫生间内的空气流通等作用。

装修
法宝

卫生间“避坑”小技巧

为了促进卫生间的通风与湿气的排除，卫生间门扇需留有通风位置，以便形成空气对流与排出湿气、异味。

4.7　卫生间门选择极窄边框长虹门的做法

[经典传统做法]

以前，卫生间门选择钛合金门。

【新做法】

现在，卫生间门流行选择极窄边框长虹门。

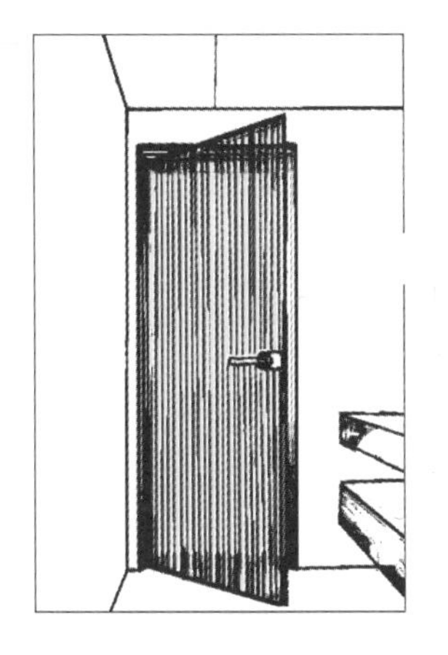

现在，卫生间门流行选择极窄边框长虹门

装修法宝

① 极窄玻璃门门框宽有16mm、7mm等尺寸。

② 极窄门长虹玻璃要选择超白玻璃。

③ 极窄门白色铝材门框易显黄。黑色铝材门框如果不够窄，则会显得很笨重，没有极窄门的轻盈感。

④ 16框，就是1.6cm的窄边，材料厚度2mm，其可以做吊轨、地轨、单层玻璃、双层玻璃等。

⑤ 20框，就是2cm的窄边，材料厚度1.2mm，其只能做地轨和单层玻璃。

4.8 浴室选择固定式单玻璃门的做法

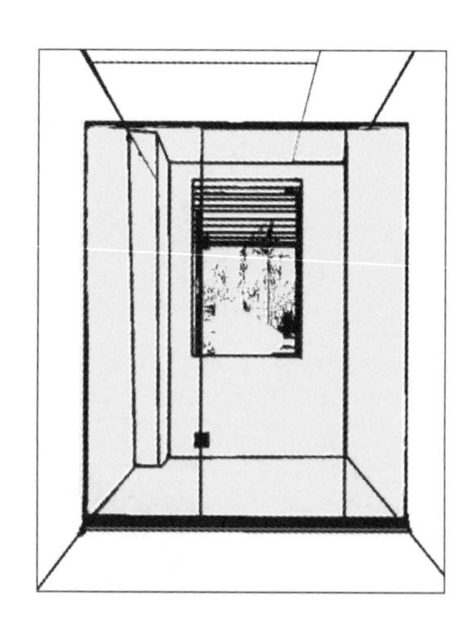

[经典传统做法]

以前，浴室选择双玻门，安全系数高，但是占空间且成本高。

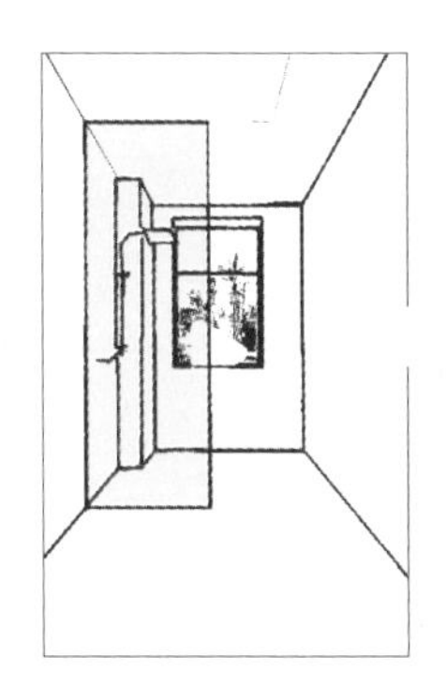

现在，浴室选择固定式单玻璃门，既经济又显大气

【新做法】

现在，浴室选择固定式单玻璃门，既经济又显大气。

**装修
法宝**

① 卫生间有门框的玻璃门可以挡水，如果没有门框，则要安装门槛石，通常高出地面 1.5 ~ 2cm。

② 做卫生间玻璃隔断前，要先铺地砖和墙砖，再按实际尺寸定做。

4.9　不装矮房门，房门一门到顶的做法

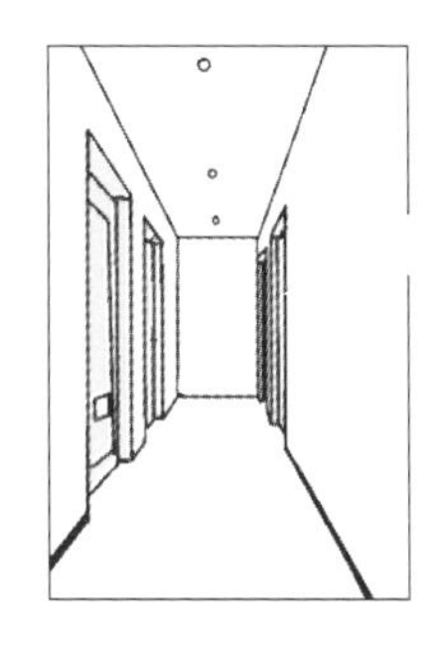

以前，上下分截，属于经典传统类型，整体存在压抑感、视觉效果差的缺点

[经典传统做法]

以前，上下分截的矮房门，属于经典传统类型，整体存在压抑感、视觉效果差的缺点。

【新做法】

现在，房门一门到顶的通顶门，具有延展空间更显层高、色调统一、和谐适配、整体统一、大气不过时等特点。

装修法宝

一门到顶

一门到顶，顶面板要水平、墙要垂直，以免“翻车”。

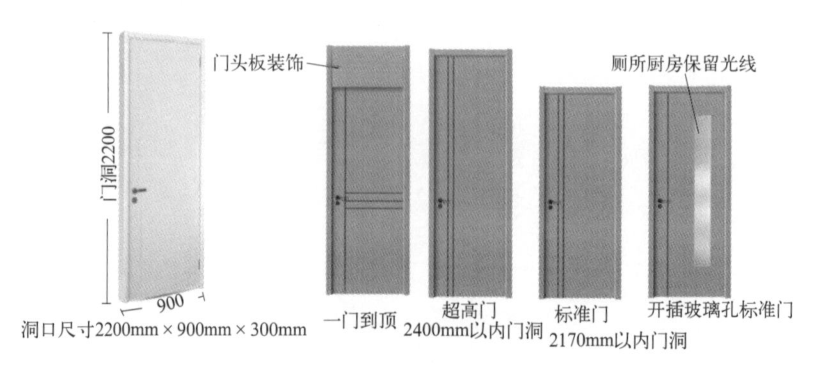

门的单包边与双包边的区别

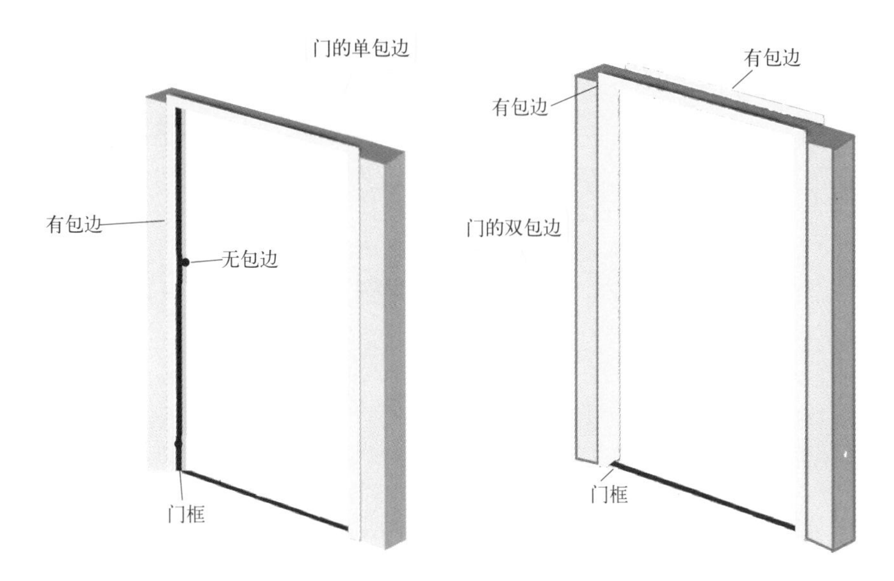

防盗门的常见结构

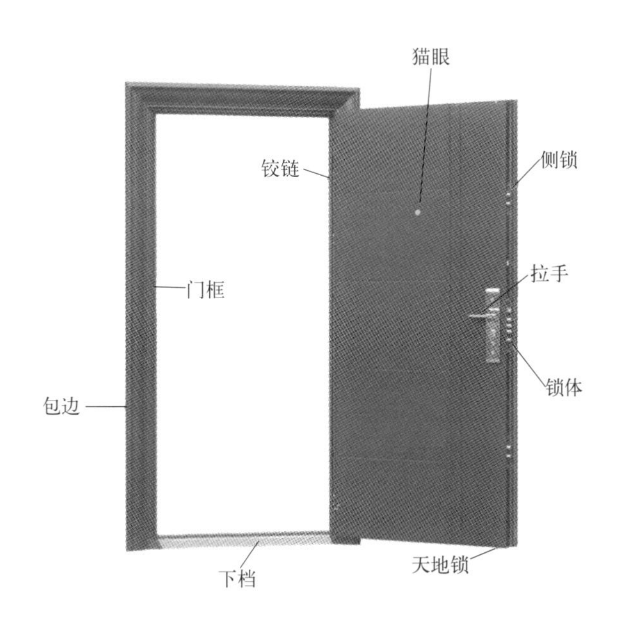

第5章

凳桌床家具装修新做法

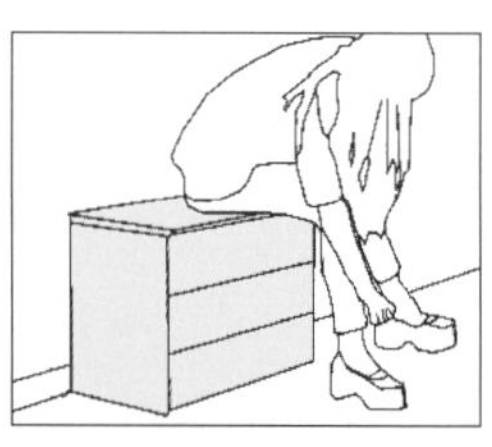

5.1 玄关处换鞋凳更显担当的做法

[经典传统做法]

站着换鞋，没有换鞋凳占空间。

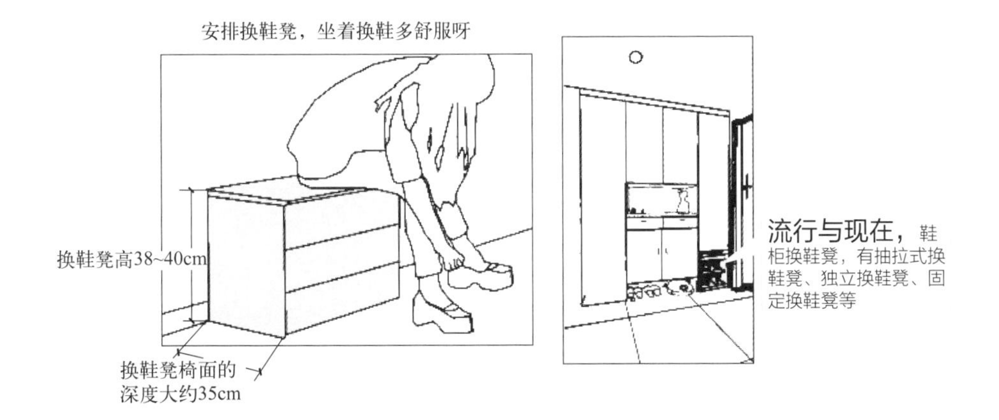

【 新做法 】

站着换鞋，脚后跟处难穿进脚，还可能站不稳。玄关处安排换鞋凳，坐着换鞋很舒服，有的还可以把鞋放在里面收纳。来客进门时，也能够体现主人温暖的贴心安排。

打造舒适的穿鞋机能

① 选择换鞋凳时，不仅要考虑弯腰方便，而且不能占玄关太多空间，因此应选好其尺寸、样式并确定其摆放位置。

② 一般椅子高度大约 45cm。换鞋凳比一般椅子稍微矮一些，换鞋凳高为 38 ~ 40cm，以便弯腰穿鞋等。换鞋凳椅面的深度，根据坐着的舒适度与玄关的空间宽度来考虑。一般换鞋凳椅面的深度大约为 35cm。

③ 一般 $3m^2$ 以下的玄关选用矮换鞋凳，$3m^2$ 以上的玄关且有足够面宽，不妨选用长换鞋凳。

④ 窄长形玄关，可以考虑鞋柜与换鞋凳合一的。方形玄关面宽 130cm 以上，可以考虑鞋柜与换鞋凳以 L 形排列。方形玄关面宽 170cm 以上，可以考虑鞋柜与换鞋凳以二字形并排。还可以去流行热卖的成品换鞋凳市场看看后再决定。例如，可以选择折叠凳，也就是壁挂式玄关折叠凳。

5.2 餐厅采用抽拉式餐桌的做法

[经典传统做法]

以前，常见采用固定式餐桌。

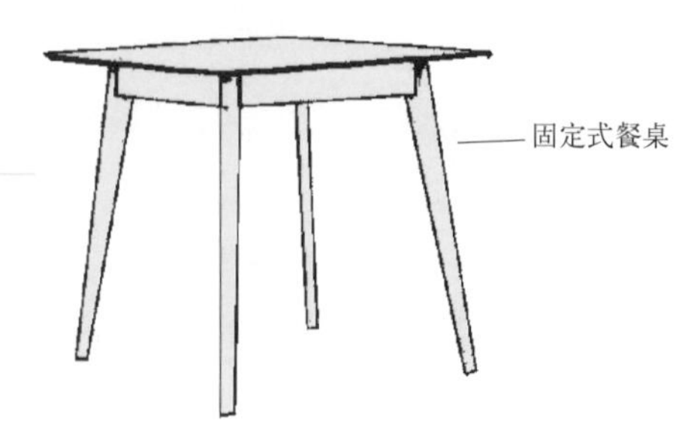

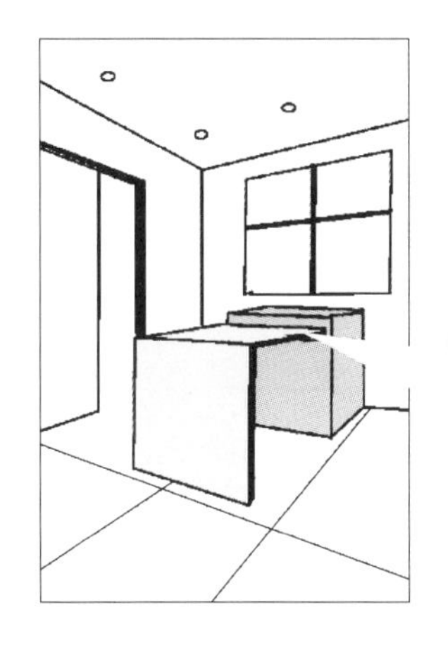

流行与现在，采用抽拉式餐桌，人少时，不拉出采用固定台面。人多时，抽拉出来，增加座位

【新做法】

现在，采用抽拉式餐桌，人少时，不拉出采用固定台面。人多时，抽拉出来，增加座位。

装修法宝

某款抽拉式餐桌的尺寸

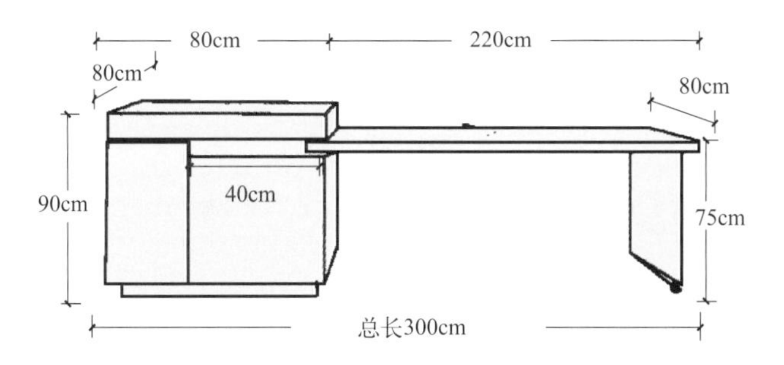

5.3 方桌圆桌选择不纠结的做法

[经典传统做法]

圆桌有一种柔和生活感的视觉效果，待客具有亲切感。

【新做法】

圆桌与方桌相比，圆桌会更加占空间。一般家庭会选择方桌。

装修法宝

选择方桌还是圆桌，不再纠结

① 直径为1.2m的圆桌，大概能容下8人；直径为1.6m的方桌大概能容下6人。

② 家庭用餐人数超过 4 人，建议选择圆桌（餐厅面积适合）。如果用餐人数为 4 人或者更少，选方桌更加方便。

③ 四口之家，用餐状态下，摆放方桌和餐椅只需要 $3m^2$ 即可；摆放圆桌和餐椅，至少需要 $5m^2$。

④ 装修是中式或美式风格，餐厅吊顶是圆形，则可选择圆桌与之呼应。

⑤ 现代、北欧、简约等风格的装修，吊顶一般是矩形，则选择方桌比较合适。

5.4 餐厅不用固定长方形餐桌的做法

以前，餐厅常选固定长方形餐桌

[经典传统做法]

以前，餐厅常选固定长方形餐桌。

现在，餐厅常选折叠餐桌，平时人少为长方形餐桌。来客人多，打开为多人餐桌，增加就餐座位

【新做法】

现在，餐厅常选折叠餐桌，不用固定长方形餐桌。平时人少，折叠成长方形餐桌。来客人多，打开后立刻成为供多人使用的大圆桌，增加就餐座位。餐厅不用固定长方形餐桌，以免来客多没有座位可坐。

装修法宝

餐桌

① 对于折叠餐桌，根据餐厅面积大小、用餐人数、家装风格等来选择。

② 餐厅面积比较大且独立的，可以选购厚重感的餐桌，这样空间搭配更协调。餐厅面积比较小的，则选购可折叠伸缩的餐桌。

③ 欧式风格家装，可选择古典气派、豪华型的可折叠餐桌。现代简约风格家装，可选择较简洁的玻璃餐桌。

④ 家庭成员比较多，可选购圆形、长方形、椭圆形可折叠餐桌。家庭成员比较少，可选择正方形的可折叠餐桌。

⑤ 木质可折叠餐桌，比较有温暖气息。玻璃材质的可折叠餐桌，比较有时尚感。

⑥ 就餐人数只有1~3人，可选择轻便型折叠餐桌，尺寸大概为长1200mm×宽700mm×高720mm等即可。

⑦ 就餐人数6人，可选择实木折叠餐桌，展开尺寸大概为长1350mm×宽850mm×高760mm；收缩后尺寸大概为长1000mm×宽850mm×高760mm。

⑧ 折叠餐桌，一般而言900mm的方桌可变成大概1350mm的方桌；1050mm的方桌，可以伸展成大概1700mm的圆桌。

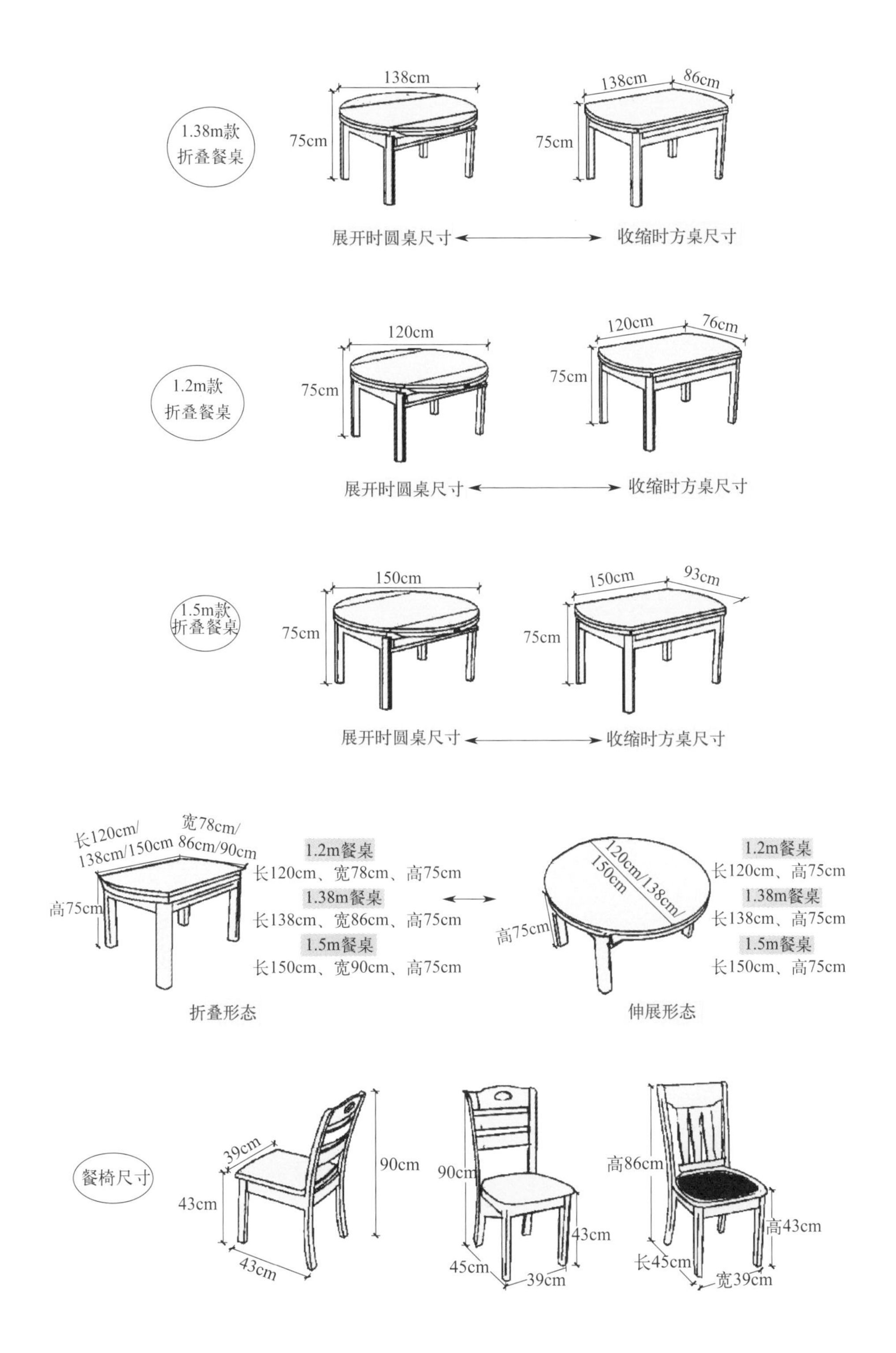

1.38m款
折叠餐桌
138cm
75cm
138cm
86cm
75cm
展开时圆桌尺寸
收缩时方桌尺寸
1.2m款
折叠餐桌
120cm
75cm
120cm
76cm
75cm
展开时圆桌尺寸
收缩时方桌尺寸
1.5m款
折叠餐桌
150cm
75cm
150cm
93cm
75cm
展开时圆桌尺寸
收缩时方桌尺寸
长120cm/
138cm/150cm
宽78cm/
86cm/90cm
高75cm
1.2m餐桌
长120cm、宽78cm、高75cm
1.38m餐桌
长138cm、宽86cm、高75cm
1.5m餐桌
长150cm、宽90cm、高75cm
折叠形态
120cm/138cm/
150cm
高75cm
1.2m餐桌
长120cm、高75cm
1.38m餐桌
长138cm、高75cm
1.5m餐桌
长150cm、高75cm
伸展形态
餐椅尺寸
39cm
90cm
43cm
43cm
90cm
43cm
45cm
39cm
高86cm
高43cm
长45cm
宽39cm

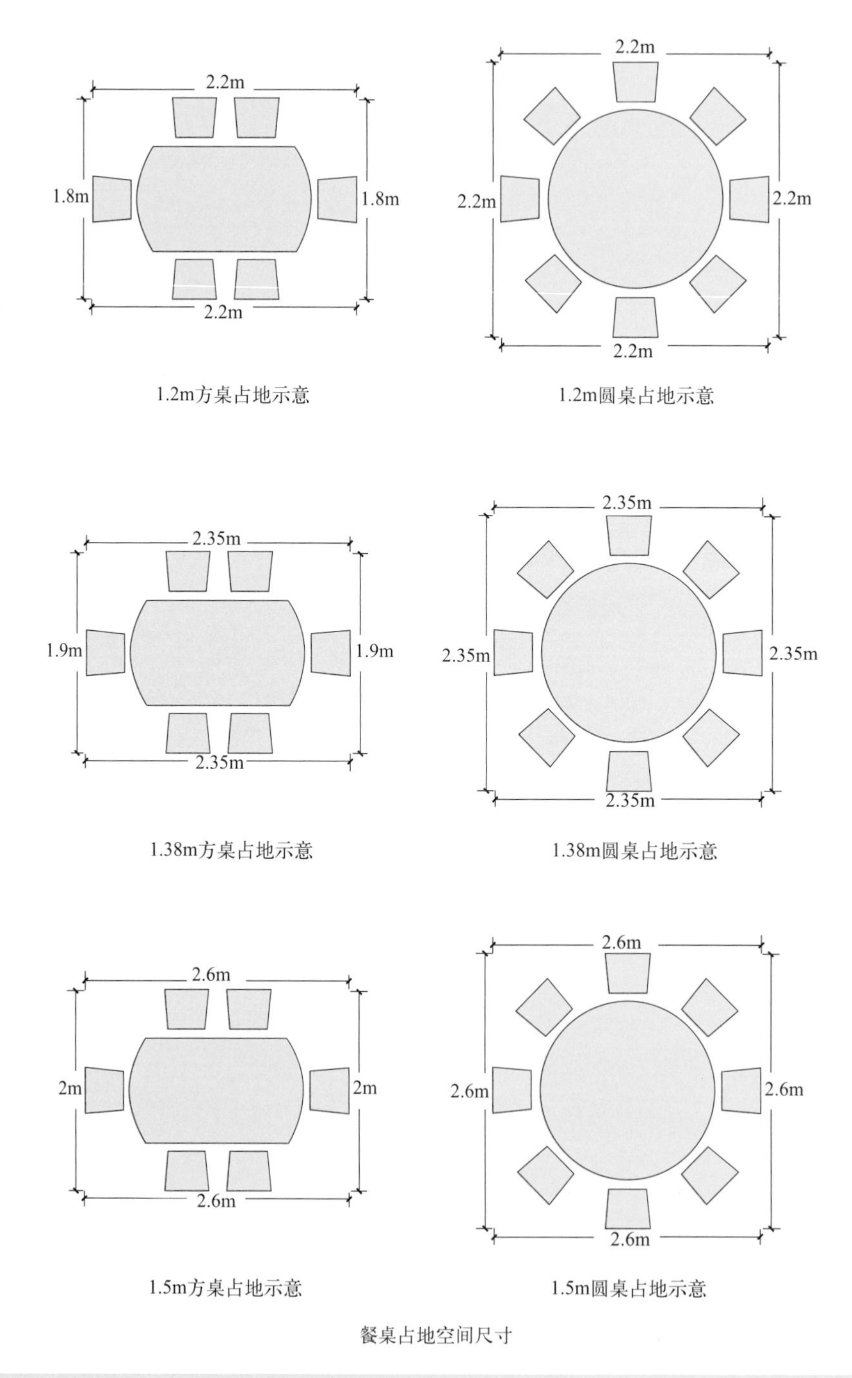

1.2m方桌占地示意

1.2m圆桌占地示意

1.38m方桌占地示意

1.38m圆桌占地示意

1.5m方桌占地示意

1.5m圆桌占地示意

餐桌占地空间尺寸

5.5 客厅不用转角沙发的做法

[经典传统做法]

以前，客厅用转角沙发，一步到位，省去麻烦。

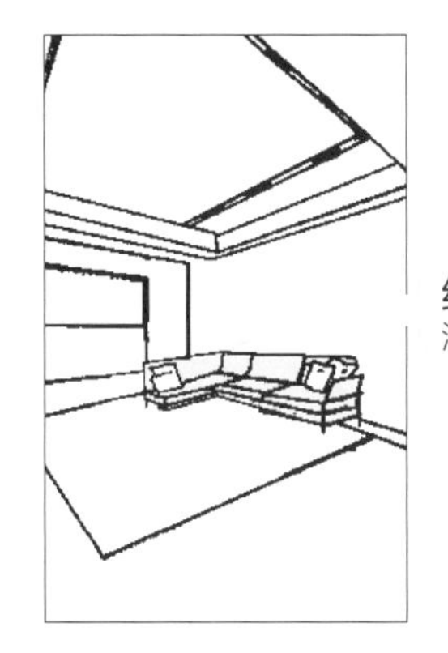

经典与传统，客厅用转角沙发，一步到位，省去麻烦

流行与现在，客厅只用直排沙发，不用转角沙发，灵活搭配，效果好

【 新做法 】

现在，客厅只用直排沙发，不用转角沙发，灵活搭配，装饰效果好。

装修法宝

直排沙发

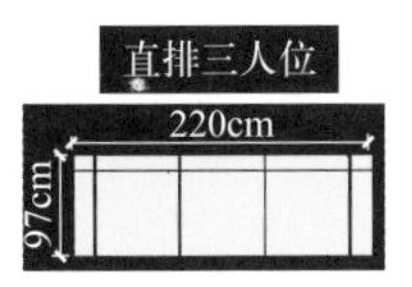

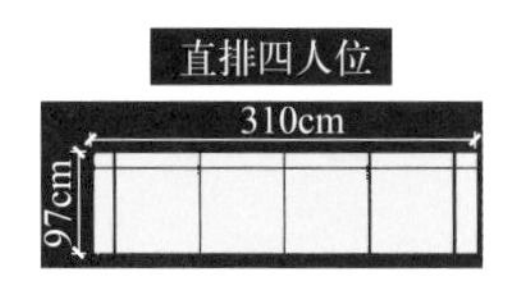

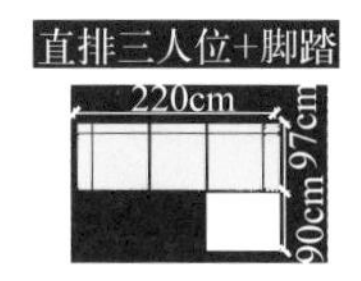

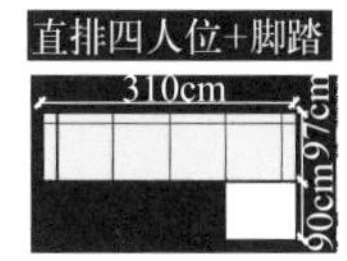

5.6 做地台铺大床垫的做法

[经典传统做法]

以前，采用常规床铺。

【 新做法 】

现在，做地台铺大床垫，更显宽敞。

装修法宝

地台

① 地台高度一般设计为 150~200mm。

② 日式榻榻米一般高出地面大约 30cm。中式榻榻米一般高出地面大约 15cm。

③ 卧室地台床的最佳高度大约为 34cm，最适合人体排放静电和放松身体，进入睡眠。地台床的高度为 20~40cm。

5.7　不选择矮脚家具的做法

[经典传统做法]

买了矮脚家具，可以买一个缝隙清扫“神器”来打扫卫生。

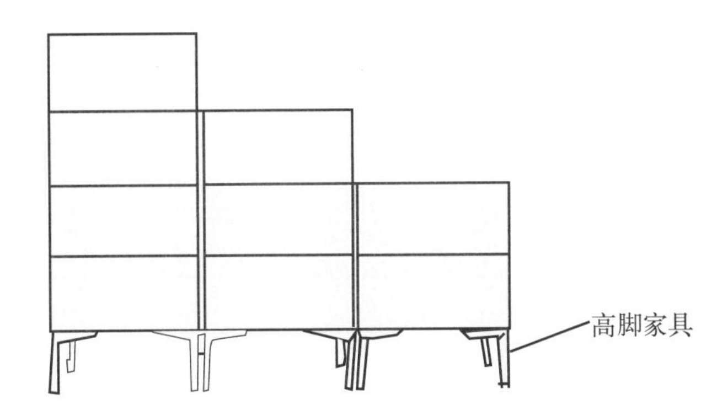

【新做法】

矮脚家具主体部分距离地面较近，扫地机器人进不去、清洁工具不好伸到里面；蟑螂、老鼠等可以来去自如；小体积物品也容易无障碍地滚进去。选择家具时，应挑选高脚款式（腿长 20cm 以上），保证扫地机器人可以自由进入家具底部而不被卡住。

家具脚

chapter six

第6章

柜类装修新做法

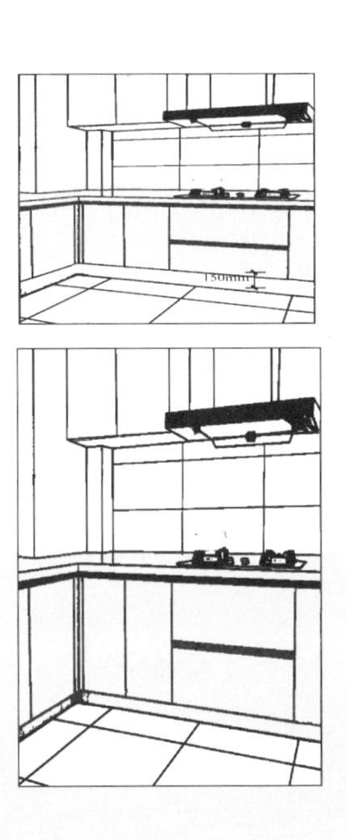

6.1 厨房地柜不着地悬空 150mm 的做法

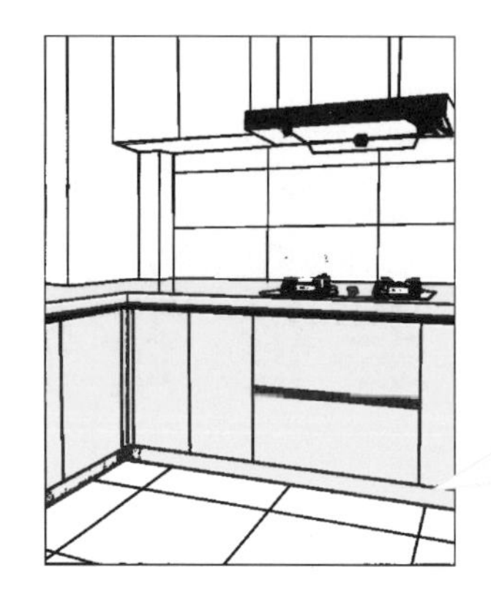

以前， 厨房地柜着地，或者设计挡板，具有碰脚、不便于打扫卫生等缺点，但具有一体化、整体化的优点

[经典传统做法]

厨房地柜着地，或者设计挡板，具有碰脚、不便于打扫卫生等缺点，但具有一体化、整体化的优点。

现在， 厨房地柜悬空150mm，便于站立时脚伸进去而不碰脚。同时，有利于打扫卫生，以及便于扫地机器人进行清扫

【 新做法 】

厨房地柜悬空 150mm，便于站立时脚伸进去而不碰脚。同时，有利于打扫卫生，以及便于扫地机器人进行清扫。

装修
法宝

装修柜类离地悬空高度

装修柜类高度一般离地悬空 150~200mm，刚好适合扫地机器人作业、人脚伸入、放置一般鞋等要求。具体离地多高，可根据具体要求、整体效果协调等来确定，常见的有 150mm、180mm 等尺寸。

6.2　厨房设计阶梯式吊柜的做法

[经典传统做法]

厨房吊柜高了，不方便拿东西；矮了又会碰头。

以前，厨房吊柜高了，不方便拿东西，矮了又会碰头

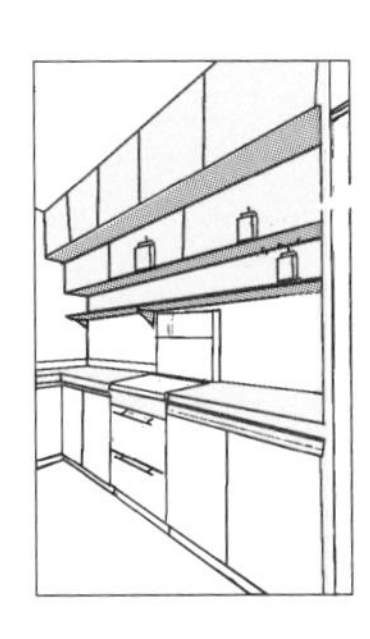

现在，厨房设计阶梯式吊柜，既方便拿东西，又不碰头，还增加收纳空间

【 新做法 】

厨房设计阶梯式吊柜，既方便拿东西，又不碰头，还增加收纳空间。

橱柜功能分布

厨房顶部橱柜，因拿取不方便，应放置不经常使用的厨具等杂物

操作台下面的橱柜属于常用橱柜，应放置比较常用的用品

极少使用的存储物

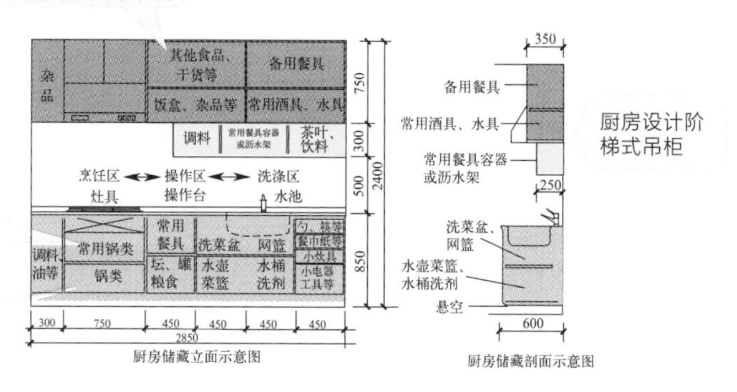

厨房储藏立面示意图　　厨房储藏剖面示意图

6.3 厨房高低台“别踩坑”的做法

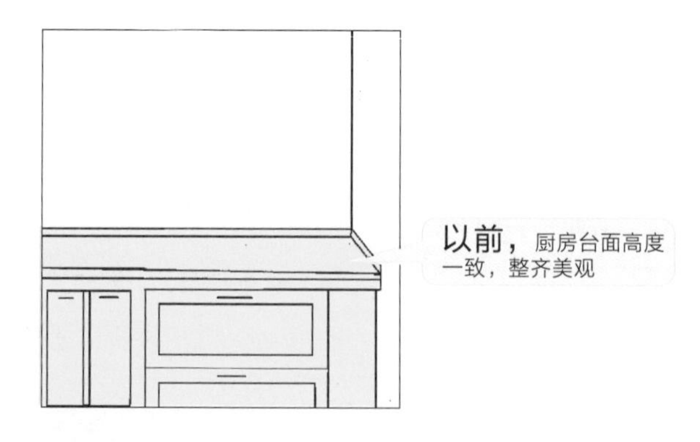

[经典传统做法]

以前厨房台面高度一致，整齐美观。

现在，烹饪灶台比整个厨房台面要低，高差控制在大约10cm,以便让烹饪者更舒服地

【新做法】

烹饪灶台比整个厨房台面低大约 10cm，这样放上锅的高度刚好符合下厨人胳膊的高度，炒菜时更顺手。洗菜池的位置升高，刷碗时不用弯腰驼背。

装修
法宝

“玩转”厨房高低台

① 橱柜大约高度的计算：橱柜高度 = 身高 (cm)/2+5 (cm)。

② 水槽高度 80~90cm，灶台高度 70~80cm。水槽要高于台面，灶台要低于台面，高低台高度差 8~10cm。

③ 面积太小的厨房不宜采用厨房高低台，以免分碎台面缺失整体感，同时也影响摆放物件。

④ 台面存在高度差，台面边缘的物品易掉落，存在一定的安全隐患。

⑤ 一般而言，炒菜的灶台高度为 70~80cm，水槽台面、厨房操作台高度为 80~90cm，两台面落差应为 10cm 左右。以前的装修，灶台与水槽台面、操作台一样高。

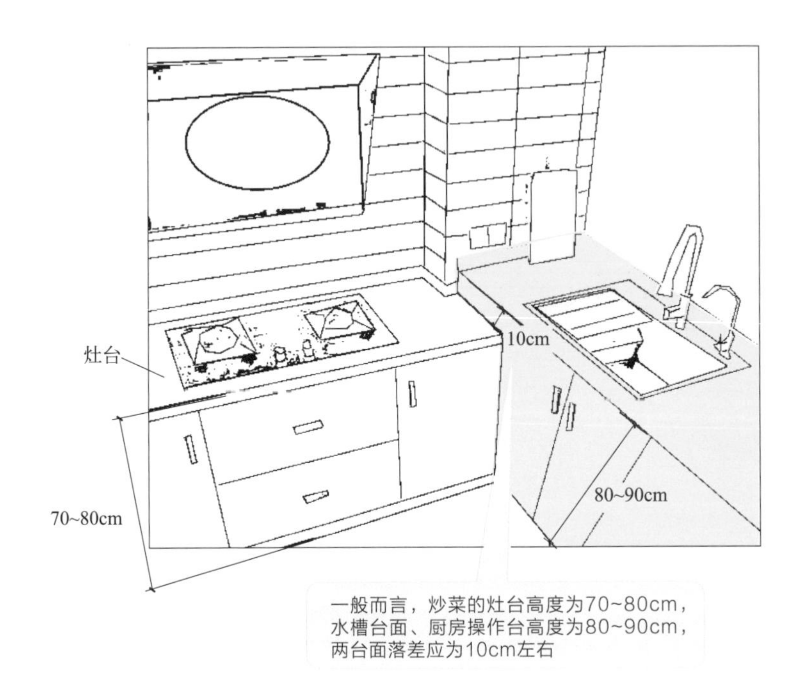
灶台
10cm
70~80cm
80~90cm
一般而言，炒菜的灶台高度为70~80cm，
水槽台面、厨房操作台高度为80~90cm，
两台面落差应为10cm左右

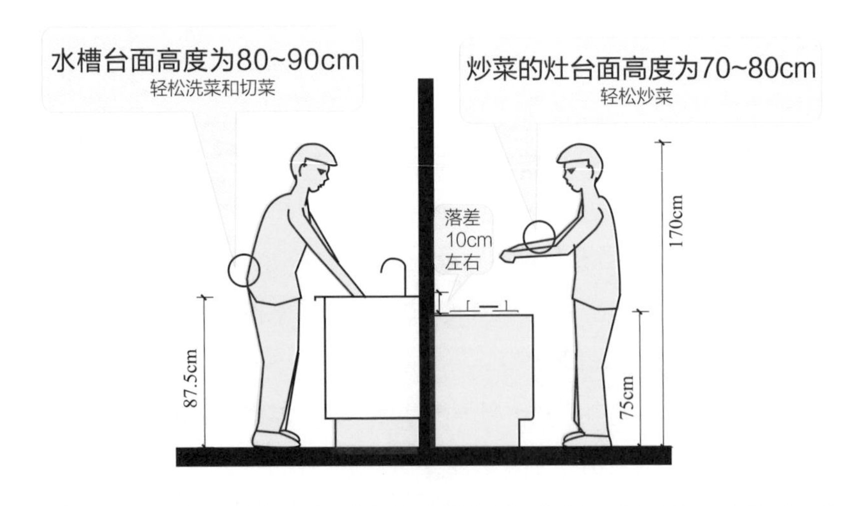
水槽台面高度为80~90cm
轻松洗菜和切菜
炒菜的灶台面高度为70~80cm
轻松炒菜
落差
10cm
左右
170cm
87.5cm
75cm

6.4　厨房台面采用 R 形一体化挡水条的做法

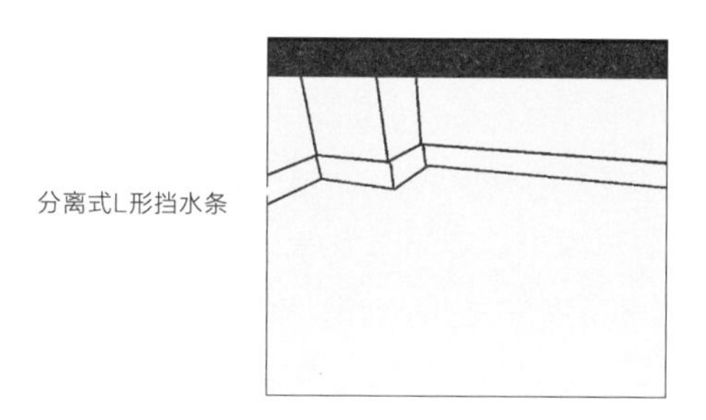

［经典传统做法］

以前，厨房台面用分离式 L 形挡水条，L 形挡水条死角多，残留水垢易生霉发黄，增加清洁负担，影响厨房美观度。

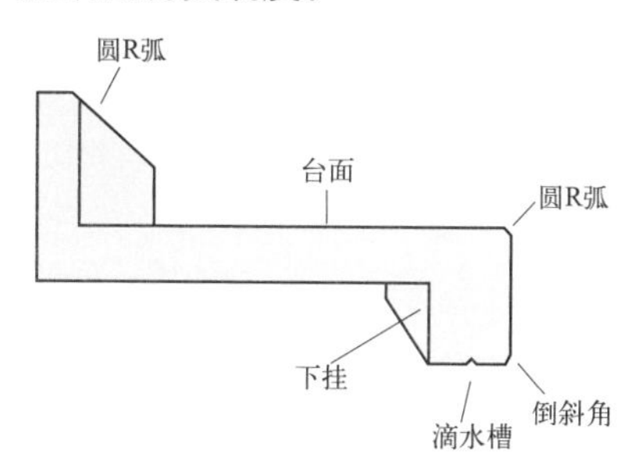

【新做法】

现在，厨房台面用 R 形一体化挡水条。R 形一体化挡水条跟石材台面基本是无缝衔接，好清洁不易残留水垢。

装修法宝

挡水条有关知识

① 一般挡水条高度是 5cm。隐藏砖超过台面 2cm，挡水条高度为 7cm。

② 上挡水阴角做成圆弧形，以便于清洁。

③ 下挡水最好做成翻边，以防止水流到橱柜下面。

④ 下挡水挂板与门板处做滴水线，以便水留下来也滴不到橱柜门板上。

⑤ 天然石材的挡水条尺寸高度为 1.8cm 或 1cm，宽度为 6cm、5cm、3cm 等。

⑥ 非天然石材的挡水条厚度为 3~4cm，宽度为 4~5cm。具体挡水条的尺寸，需要根据橱柜的具体大小、布局来考虑。

⑦ 厨柜下面的挡水条高度为 6~8cm，宽度为 2~3cm。

6.5 橱柜流行做无挡水条的做法

[经典传统做法]

采用分离式挡水条时缝隙多，容易藏污纳垢，产生发黄发霉现象。

以前
往往采用分离式挡水条

以前，厨房地柜往往采用后挡水条。后挡水条可以挡住水，可以填补台面与墙面间的空隙，防止水流向墙面与地面。但是，打扫卫生不方便，会堆积油烟与灰尘，也会减少台面的使用面积

【新做法】

不做分离式挡水条，采用胶收口，具有更加简洁美观、整洁的特点，同时台面空间也显得大。

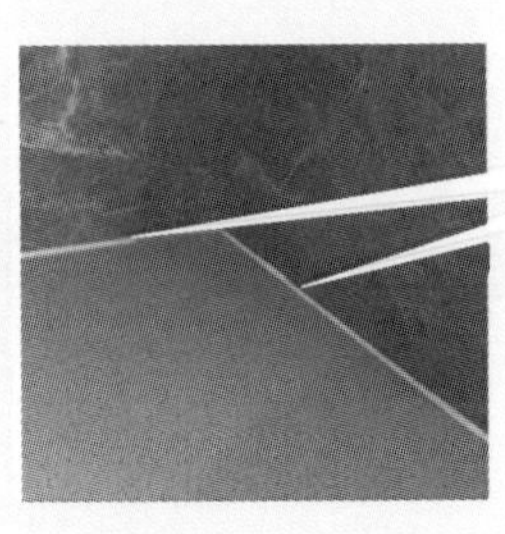

现在，不做挡水条，采用胶收口

橱柜挡水

① 橱柜台面有外挡水、内挡水之分。靠墙面的挡水条是内挡水，以避免墙体受潮发霉。

② 橱柜台面做挡水条时，最好做成弧形的，视觉美观，也容易打扫卫生。

③ 橱柜台面的前端线有直边（含加厚直边）、大圆边、小圆边、斜边、小斜边、直边防水线、小圆边防水线、小斜边防水线等。

④ 橱柜台面挡水条高一般为 40~50mm，厚一般为 30~40mm。

6.6 橱柜做高光柜门，不做肤感柜门的做法

以前，选择肤感柜门

［经典传统做法］

以前选择肤感柜门，其外观出众，手感出色但肤感柜门，容易留下手印和油渍，难以清洁。

现在，橱柜门选择高光柜门

【新做法】

橱柜门选择高光柜门，不容易留下手印和污渍，也容易清洁。

柜门有关知识

① 橱柜采光不太好，可以选择高光门板以增加光亮。

② 肤感板做衣柜门更好，更加耐看。

③ 肤感板的内层材质是板材，板材外面铺贴了一层覆盖膜。

④ 橱柜地柜门高度一般为 500~700mm。地柜高度 = 调整脚 + 地柜柜体 + 台面。

⑤ 橱柜门宽度最小为 200mm，最大不要超过 600mm。

⑥ 橱柜吊柜门是左右开门的，宽度和地柜门差不多。橱柜吊柜门是上翻门的，则尺寸最小为 500mm，最大为 1000mm，上翻门的宽度最好为 700~850mm。

6.7　不选有门把手的橱柜，选免拉手设计的做法

[经典传统做法]

橱柜采用明门把手，便于操作，也是常规做法。

有门把手的橱柜

【新做法】

橱柜采用明门把手，容易碰撞、不方便清洁、不美观。为此，流行采用免拉手设计，即隐形拉手。

免拉手设计，即隐形拉手

装修法宝

柜门免拉手设计

可以采用以下方法实现柜门免拉手设计。

① 门板下挂 1~2cm 免拉手，例如厨房吊柜、鞋柜等。

② 采用柜体开缺的方式，例如在岛台、厨房地柜、抽屉等处采用该方法。

③ 斜切封边 45° 免拉手。

④ 应用反弹器。

⑤ 应用开门器。

⑥ 衣柜门内嵌拉手。

⑦ 吊柜应用门板下挂 5~10mm 实现免拉手，也就是直接从下面抠开门板。

⑧ L 形免拉手，也就是台面下方内嵌 L 形免拉条，手伸进去就可以直接打开柜门，例如厨房地柜。

⑨ U 形免拉手，也就是两个抽屉中间用 U 形免拉条，上下抽屉共用一个免拉手开启空间。

⑩ 一字形留缝拉手，应留缝 2~3cm。

⑪ 45° 斜切免拉手，也就是将门板往里斜切 45° 角，夹缝留 2cm 以上空隙，实现门板外观平整。

⑫ G 形拉手，也就是拉手嵌入门板固定。

⑬ 斜角 S 形拉手，也就是拉手嵌入门板固定，适合厚度为 22mm 的橱柜门板等。

⑭ 直角 Z 形拉手，也就是拉手嵌入门板固定，适合厚度为 22mm 的橱柜门板等。

⑮ 柜门开槽位，也就是铣型拉手，适合烤漆门、模压门。

⑯ 面板减 2cm，也就是抽屉面板距离层板间隔 2cm，从而实现不用拉手可以打开的效果。

⑰ 嵌入式拉手，可以实现门板平整的效果。

反弹器适用位置广泛，不限于风格
反弹器可明装、暗装、嵌入装
选择带磁吸碰的，避免柜门关闭后有缝隙

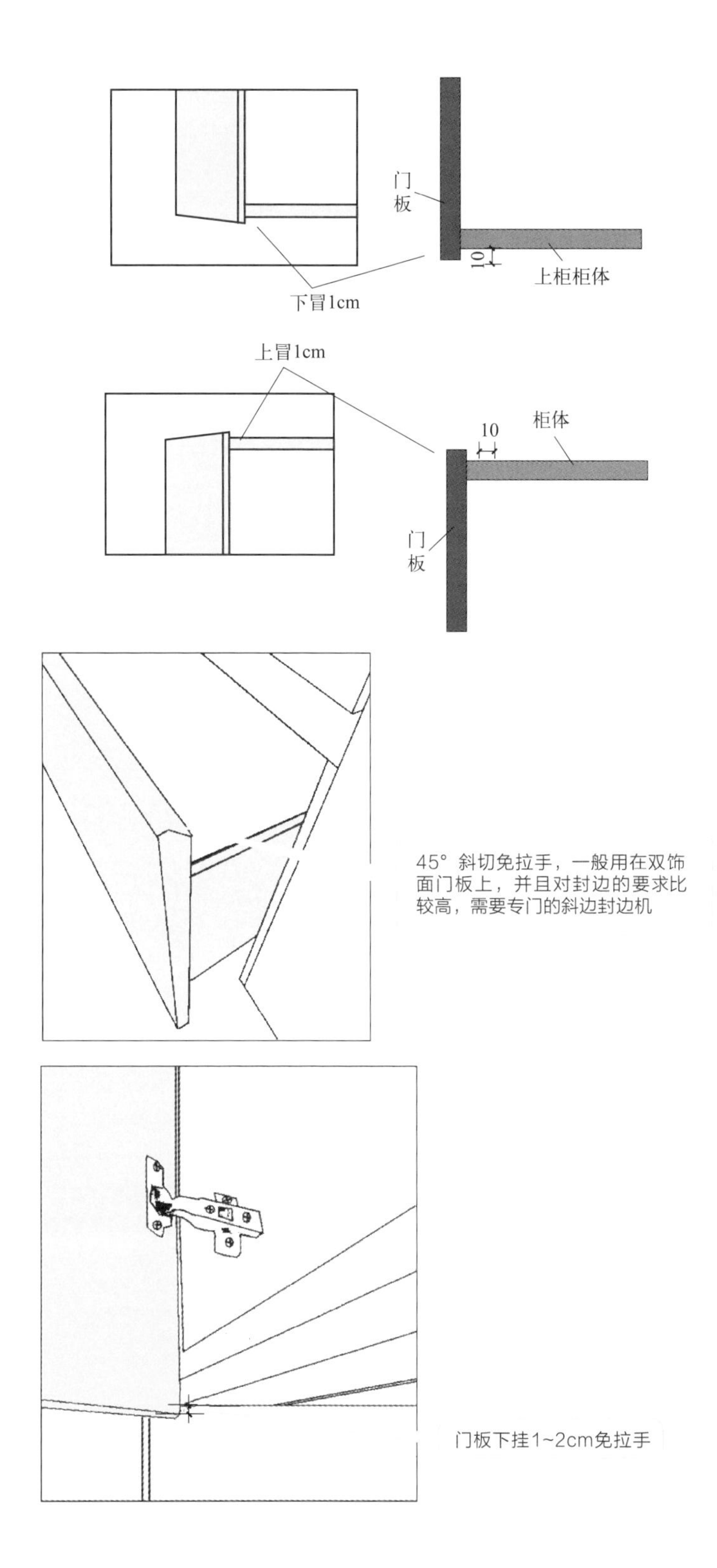

45° 斜切免拉手，一般用在双饰面门板上，并且对封边的要求比较高，需要专门的斜边封边机

门板下挂1~2cm免拉手

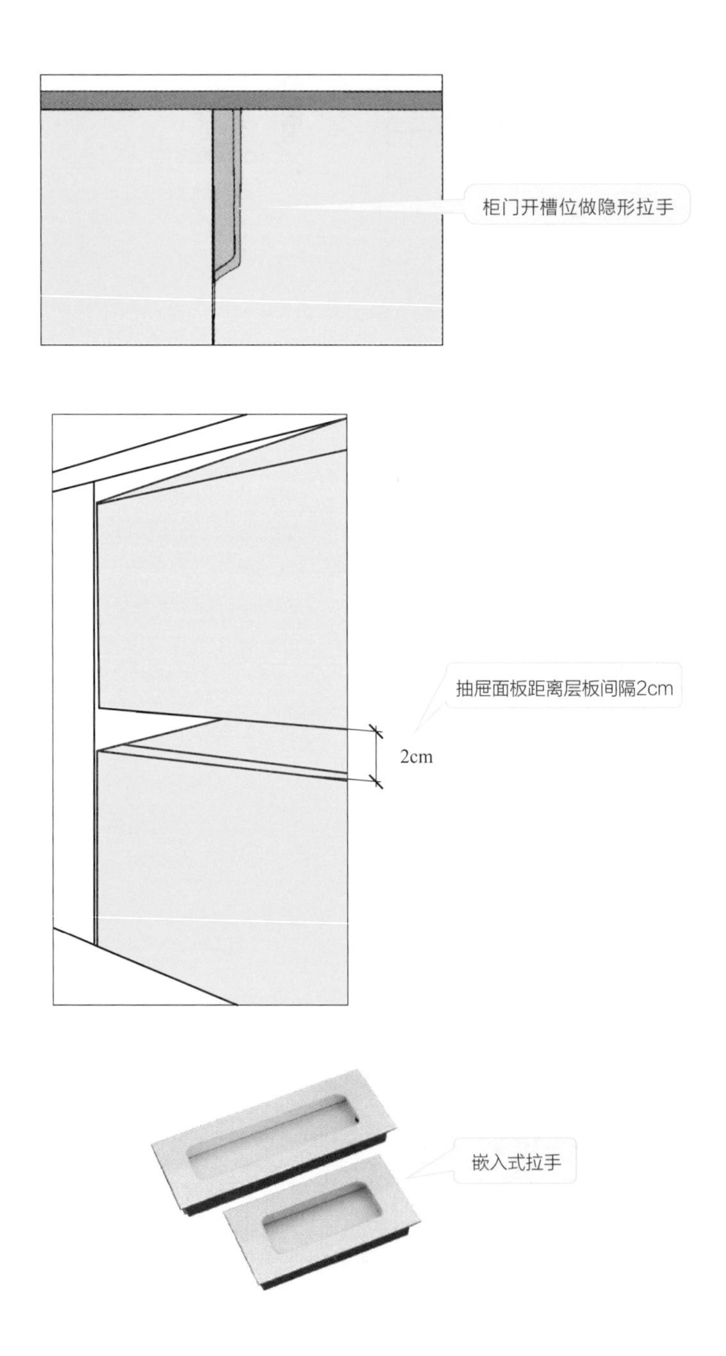
柜门开槽位做隐形拉手
抽屉面板距离层板间隔2cm
2cm
嵌入式拉手

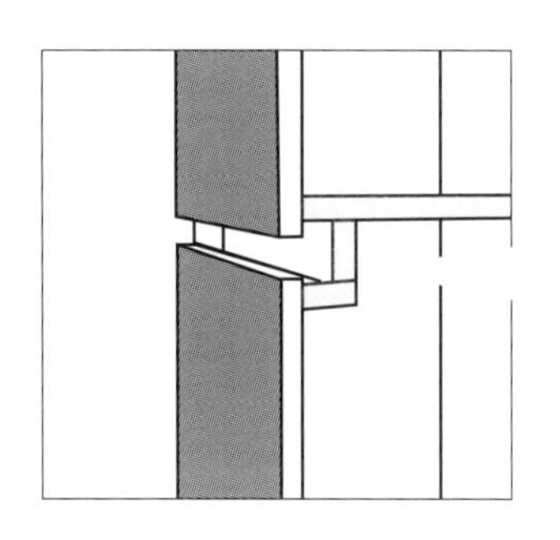
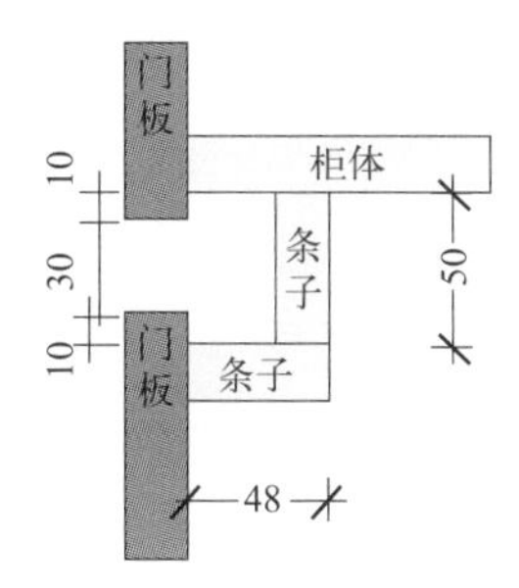

免拉手

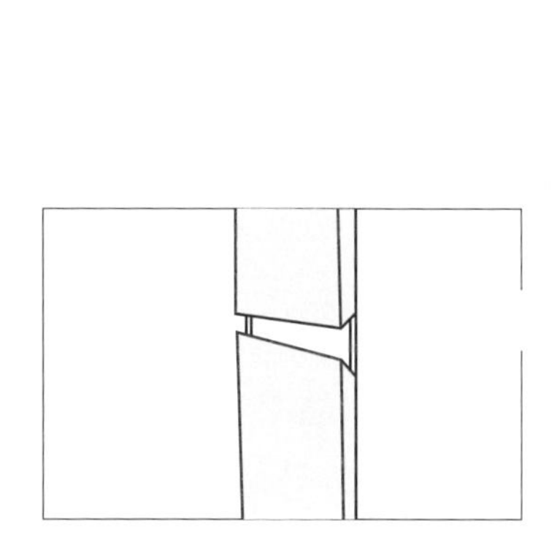
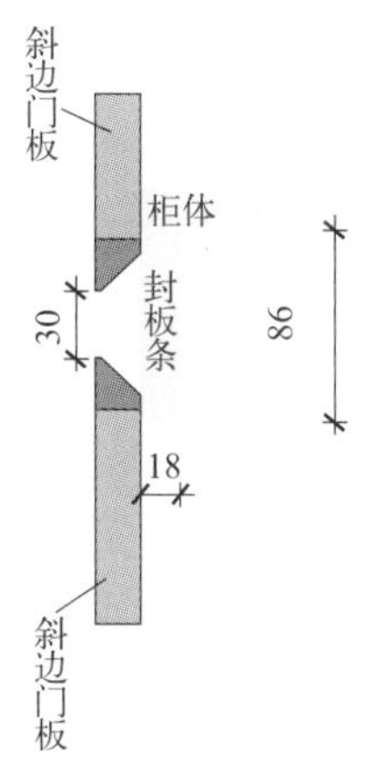

门板做斜切角

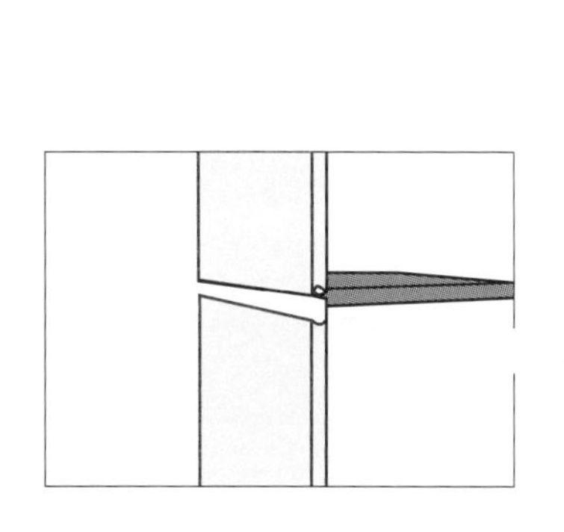
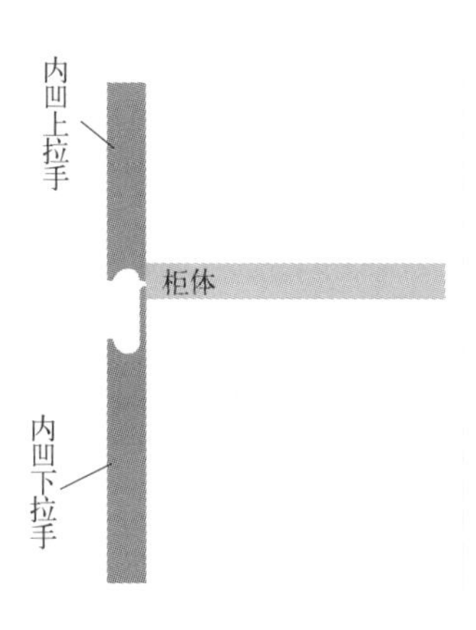

门板上做凹槽

6.8 厨房转角做钻石转角柜的做法

[经典传统做法]

以前，厨房转角采用 L 形，影响厨房收纳空间，但是整体性好。

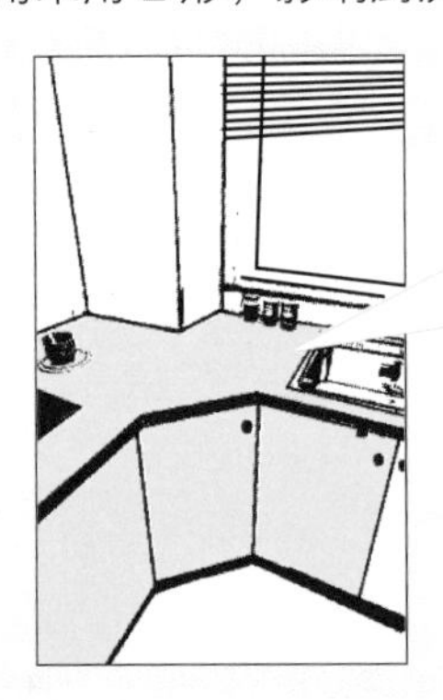

【 新做法 】

现在，厨房做钻石转角柜（五角柜），增加厨房收纳空间。

转角橱柜有关知识

① 转角橱柜尺寸要留大点，不单要考虑板子的厚度，还要考虑板子上面的

拉手尺寸。

② 五角柜进深尽量在 800mm 以上，左右宽度尽量在 800mm 以上，这样柜门有 400mm 左右的夹角，以保证使用方便。

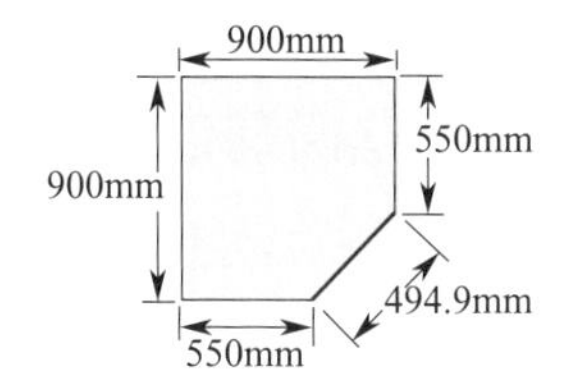

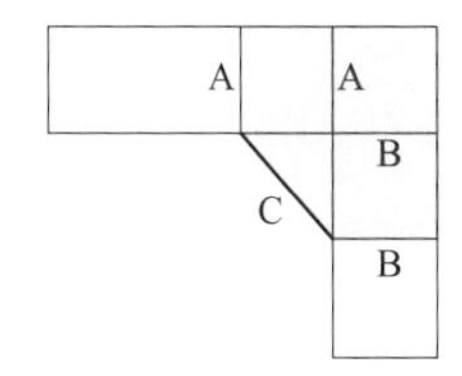

6.9　厨房不做转角橱柜的做法

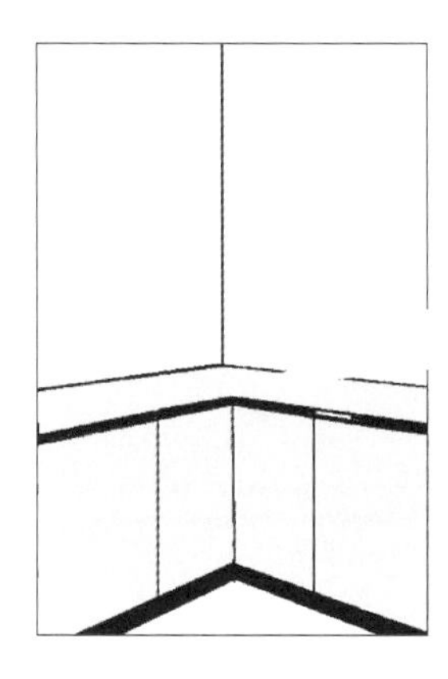

以前，厨房转角常做转角橱柜

[经典传统做法]

以前厨房转角常做转角橱柜。

【 新做法 】

现在，厨房转角改做步入式储物间。

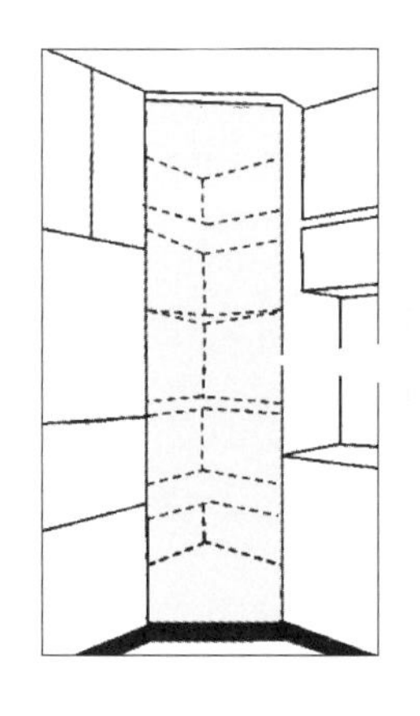

现在，厨房转角改做步入式储物间

装修法宝

步入式储物间，收纳空间翻倍

① 卧室的转角衣柜，也可以设计成步入式储物间。

② 玄关位置，也可以设计成步入式储物间。

③ 卫生间拐角，也可以设计成步入式衣帽间。

④ 其他相关转角地带，也可以设计成步入式衣帽间。

6.10 厨房固定吊柜改上翻柜的做法

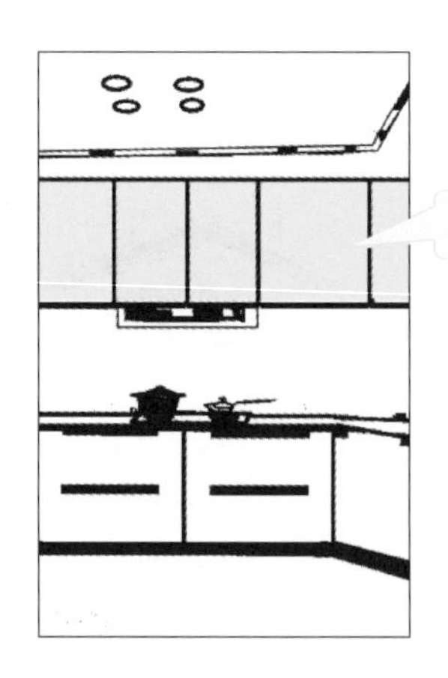

以前，厨房采用固定吊柜

[经典传统做法]

以前厨房采用固定吊柜。

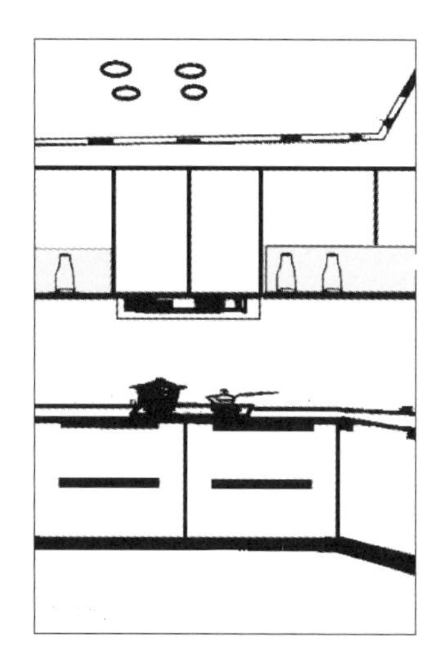

现在，厨房吊柜下部分改为上翻柜，便于调料等的放置

【新做法】

厨房吊柜下部分改为上翻柜，便于调料等的放置。

装修法宝

上翻柜的特点

① 上翻柜宽度大约为 300mm。

② 上翻柜上翻盖的柜门最大的优势是方便取物置物。

6.11 餐边柜流行同色封边的做法

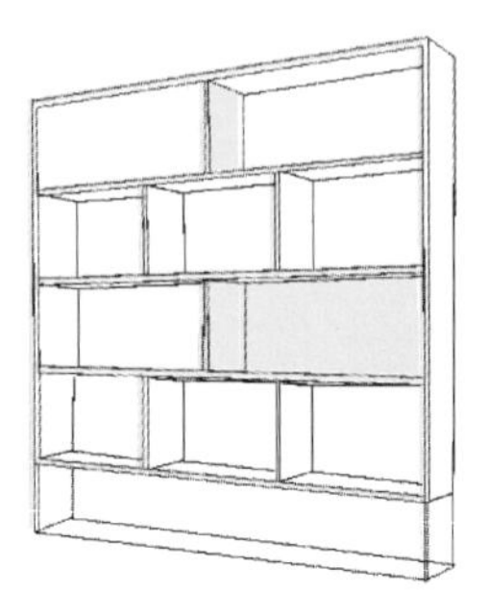

[经典传统做法]

以前，餐边柜做双色封边。

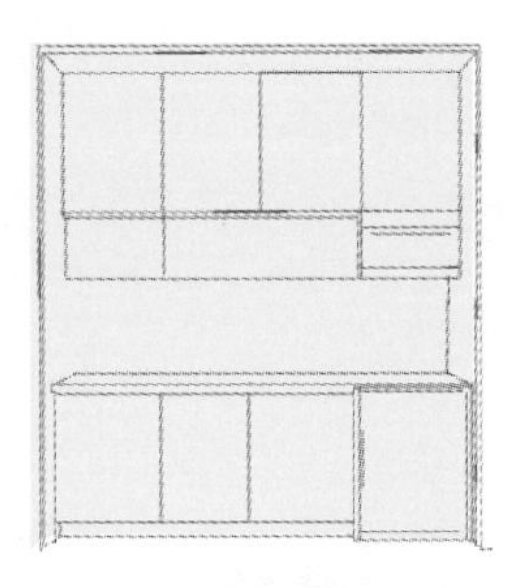

【 新做法 】

餐边柜做同色封边更显元素统一、协调，餐边柜做双色封边在视觉上整体性不强。

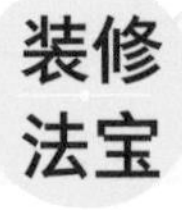

餐边柜不“翻车”的细节

① 顶部不留空、不悬空，即一门到顶。如果留空、悬空，难看又易积灰。

如果顶部吊顶，则应在设计时就考虑好餐边柜的布局。

② 餐边柜设计藏酒的，流行做玻璃门 + 氛围灯。以前传统酒格，既过时又易积灰。

③ 流行做免拉手，简约又大气。以前做侧拉手或者明拉手，存在磕碰等情况。

④ 靠墙封板做窄边条，既好看又美观。以前做大封条，存在厚重感。

⑤ 中间操作台选同色背板。以前选不同色背板，时间久了弄花墙壁或有水渍，视觉上不连贯。

⑥ 简约风格餐边柜选择平板门。以前选复杂的造型门，存在显得厚重，不高级的感觉。

⑦ 上柜门板加长 1cm 免拉手，下柜斜边拉手不要做明拉手，以免不美观，避免磕碰。

⑧ 中间操作台高度做 50cm 以上，不做 40cm 以下，很多小家电高度在 45cm 左右。

6.12　鞋柜采用旋转架的做法

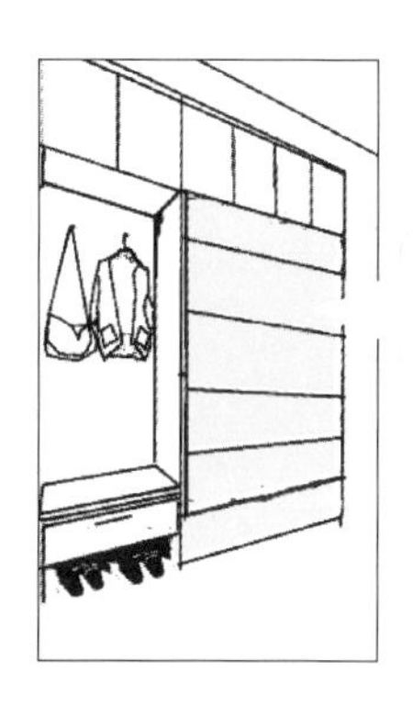

以前，鞋柜采用固定隔板，收纳空间有限

[经典传统做法]

以前，鞋柜采用固定隔板，收纳空间有限。

现在，鞋柜采用旋转架，增加鞋的收纳空间

【新做法】

现在，鞋柜采用旋转架，增加鞋的收纳空间。

装修法宝

鞋柜旋转架的尺寸

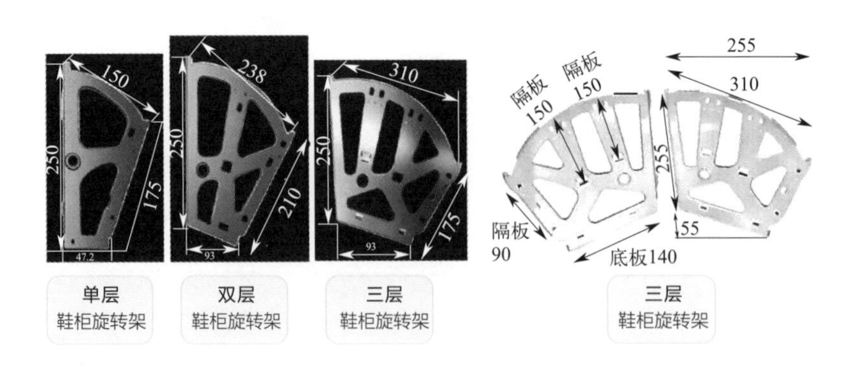

6.13 鞋柜采用抽拉伞架的做法

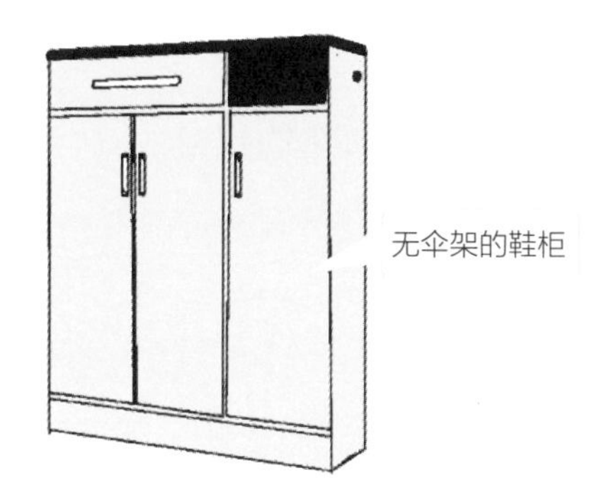

[经典传统做法]

以前，鞋柜常无伞架。

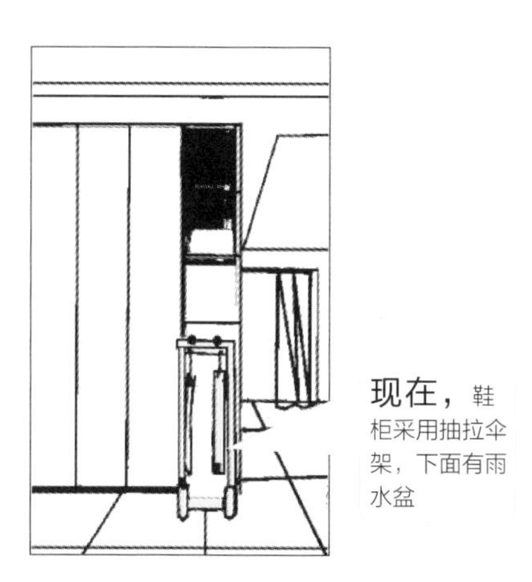

【 新做法 】

现在，鞋柜采用抽拉伞架，下面有雨水盆。

抽拉伞架的尺寸

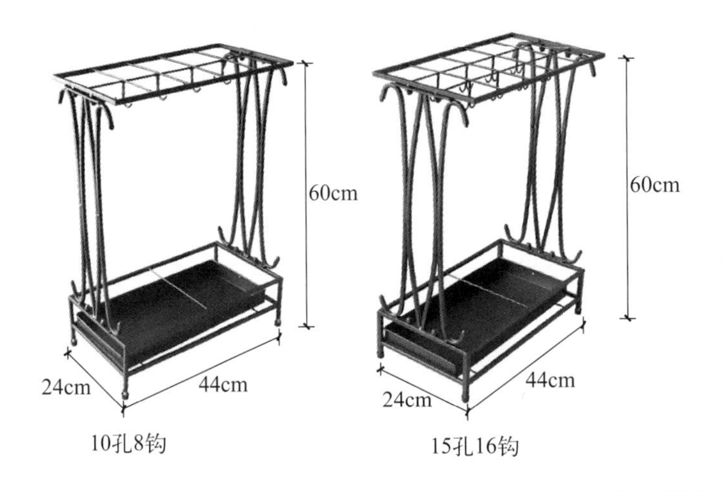

6.14 鞋柜开通气孔的做法

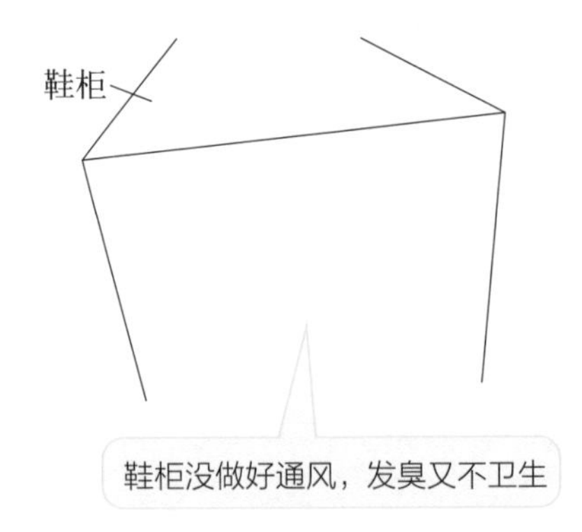

[经典传统做法]

以前鞋柜内部无通气孔，长期使用，鞋的臭气散发不出来。

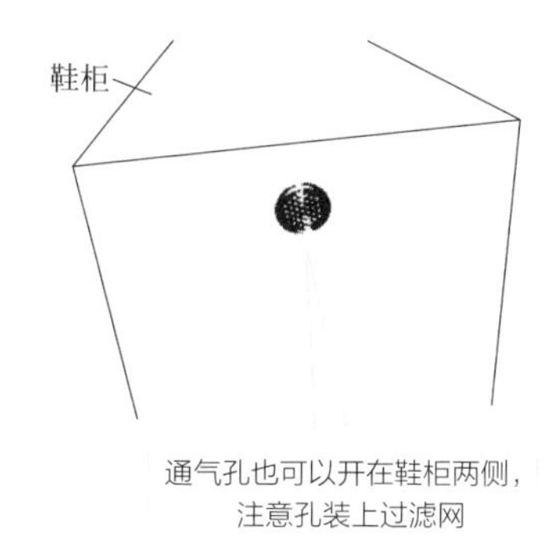

通气孔也可以开在鞋柜两侧，
注意孔装上过滤网

【新做法】

现在鞋柜开通气孔（主要是指封闭式鞋柜），鞋的臭气不积累在鞋柜内部，减少了打开鞋柜臭气满天的现象。

装修法宝

鞋柜通气孔的那些细节

① 有的鞋柜利用柜门进行通风，例如现在流行的百叶窗式鞋柜，则无需再开通气孔。

② 通气孔可以开在鞋柜的底部，并且鞋柜的底部应是悬空的。鞋柜悬空的底部能够减少鞋柜受潮的可能性，并且收纳放置临时穿用的鞋，以及具有空气流通通道。

③ 通气孔也可以开在鞋柜的后背板上，注意在孔上安装过滤网。

④ 通气孔也可以开在鞋柜两侧，注意在孔上安装过滤网。

⑤ 选择除臭、杀菌等功能的智能鞋柜，即可省去开通气孔。

⑥ 如果玄关柜与餐边柜相连，则建议选择封闭式，或者开的鞋柜通气孔应避免影响就餐环境，或者设计换气扇。

6.15 柜到顶设计封板的做法

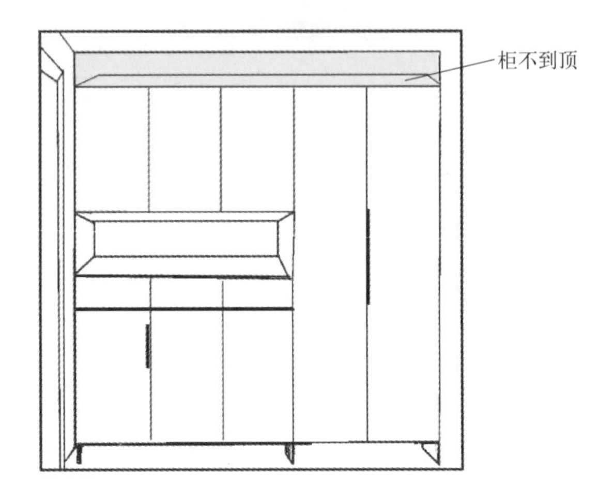

[经典传统做法]

柜不到顶，影响美观，而且容易积累灰尘。

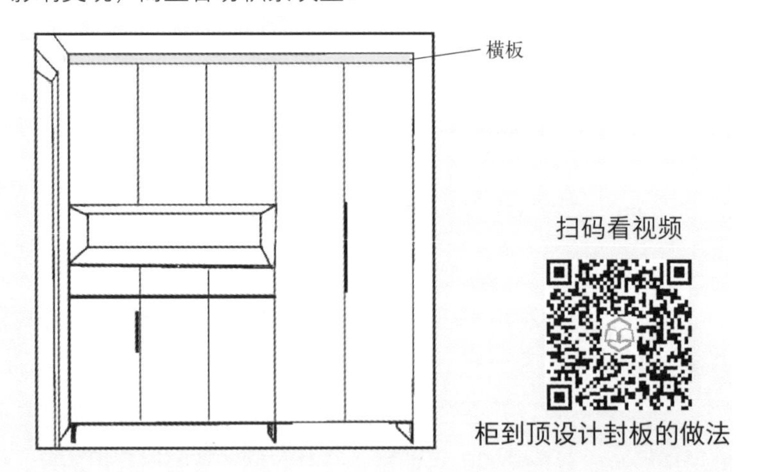

【 新做法 】

柜到顶，还得设计 5~10cm 横板（封板）。没有横板（封板），如果顶部不平、柜门变形，则柜门会出现关不上、收口不灵活、定制柜组装好后难推进去等现象。

装修
法宝

柜到顶还是不到顶

① 柜到顶的好处，就是可以实现强大的收纳功能。

② 柜到顶，最高处使用不便，可能会受力变形。

③ 层高远大于 2.7m 的，一柜到顶柜，拿衣服时需要用梯子。

6.16　定制柜往往采用“藏”式布局的做法

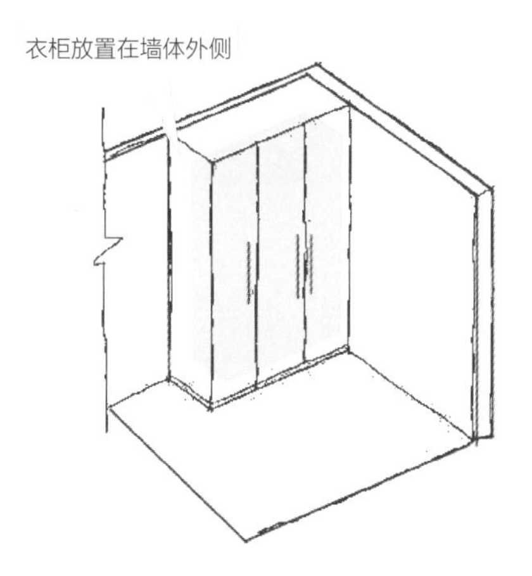

[经典传统做法]

以前，衣柜放置在墙体外侧，既占用空间，也容易形成清洁死角，显得空间拥堵杂乱。

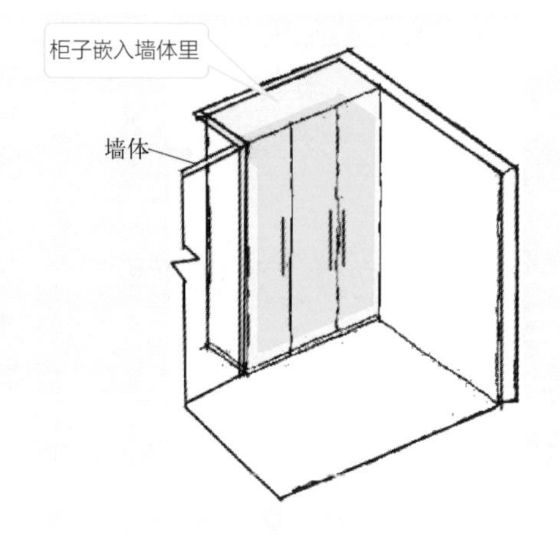

【新做法】

柜往往采用“藏”式布局，既能保证收纳容量，又具有空间的开阔感。通俗来说，就是把柜嵌入墙体里，将柜的厚度藏起来。

装修法宝

凹墙嵌柜的方法：折墙 / 挪门 / 侧面建墙

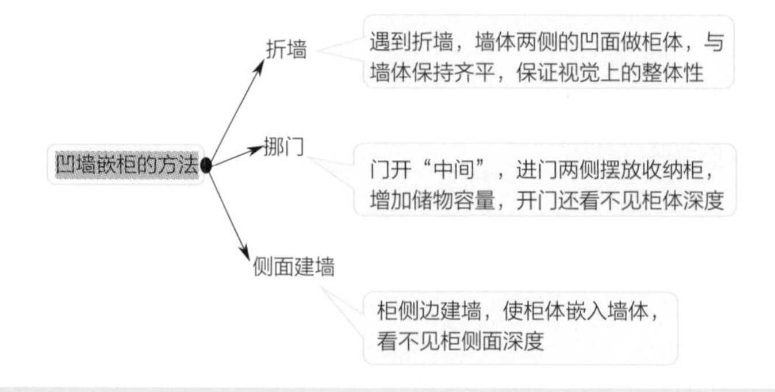

6.17 客厅沙发下做地台柜的做法

以前，客厅沙发直接接地，减少了客厅的收纳空间

[经典传统做法]

以前客厅沙发直接接地，减少了客厅的收纳空间。

现在，客厅沙发下做地台柜，收纳更整洁

【 新做法 】

客厅沙发下做地台柜，收纳更整洁。

围绕沙发的布局知识

① 紧凑的客厅，沙发边柜尺寸一般为 500mm × 600mm、深度 400~600mm 等，具体可根据客厅沙发的大小来设计。

② 沙发矮柜尺寸，高度一般为 60~80cm、宽度一般为 35~50cm、长度一般为 70~200cm。

③ 沙发后背装饰柜尺寸，一般宽度为 50~60cm、深度为 30~45cm、长度为 120~390cm。

6.18 电视柜悬空的做法

以前，常采用着地（落地）电视柜，其主要是结实，常见的类型有矮脚柜、高脚柜等

[经典传统做法]

以前，常采用着地（落地）电视柜，其主要是结实，常见的类型有矮脚柜、高脚柜等。

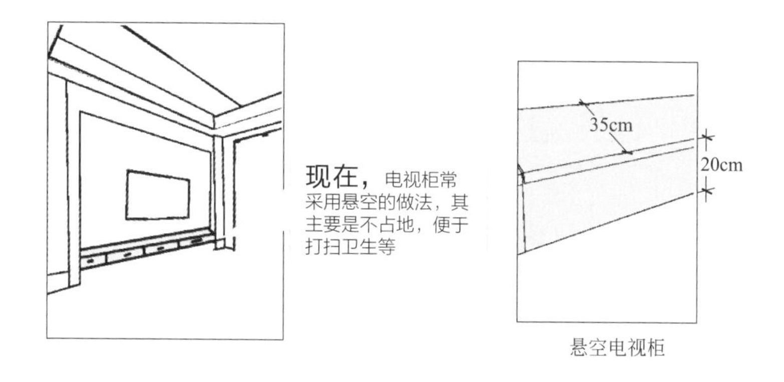

悬空电视柜

【新做法】

现在，电视柜常采用悬空的做法，其主要是不占地，便于打扫卫生等。

装修法宝

悬空电视柜

悬空电视柜尺寸不是固定的，需要根据室内层高、面积、电视柜类型等来考虑。多数悬空电视柜采用上下两部分的结构，上部分电视柜尺寸有 160cm×40cm×40cm(长×宽×高)，下部电视柜尺寸有 200cm×40cm×40cm(长×宽×高)。电视柜距离地面的距离为 20~60cm。

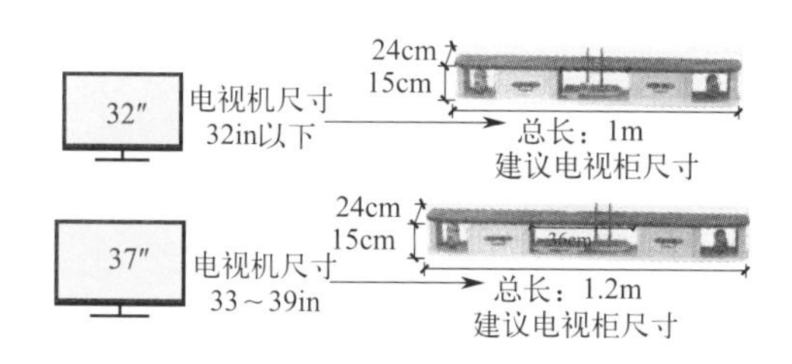

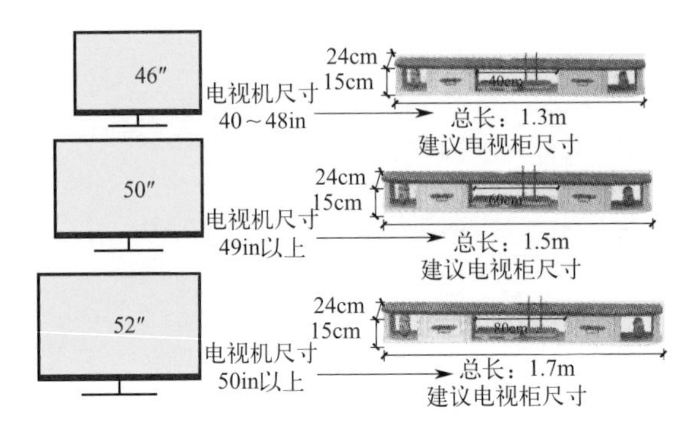

电视机尺寸与电视柜尺寸的匹配选择

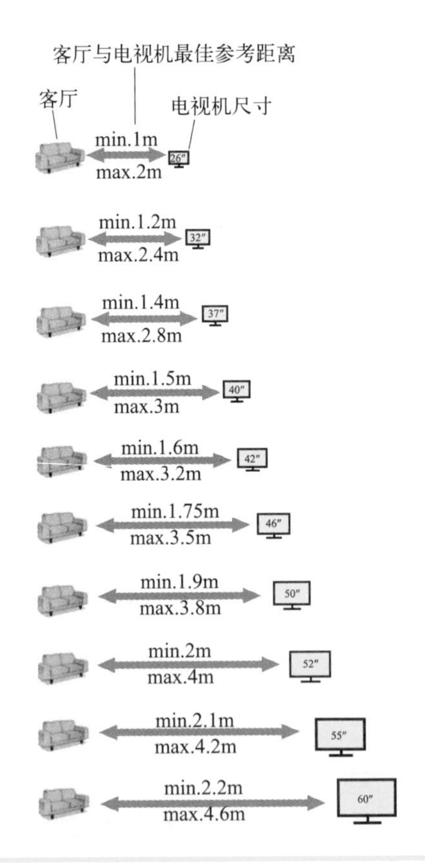

6.19　卧室进门衣柜外侧改薄侧柜的做法

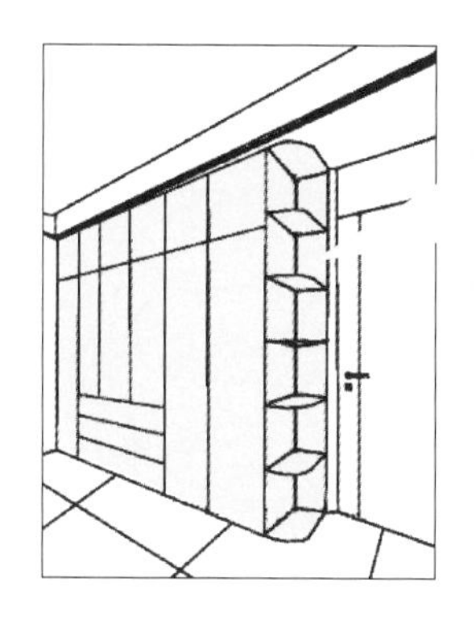

以前，卧室进门衣柜外侧做开放式圆弧储物格（隔板柜），以便可以摆放更多的物品，同时，做成圆弧增加有安全感

[经典传统做法]

以前，卧室进门衣柜外侧做开放式圆弧储物格（隔板柜），以便可以摆放更多的物品，同时，做成圆弧增加有安全感。

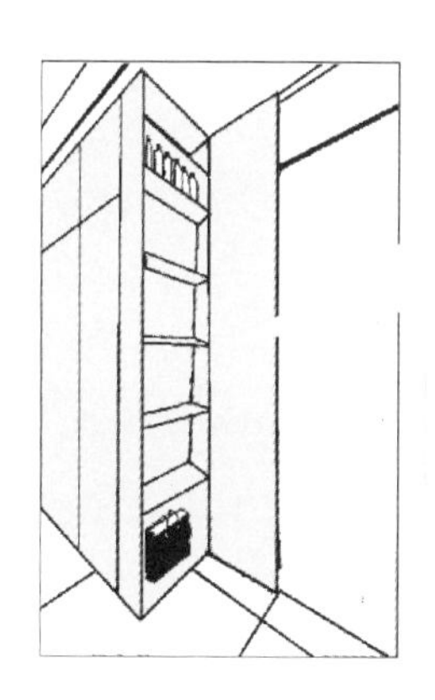

现在，发现卧室进门衣柜外侧做开放式圆弧储物格（隔板柜），存在造价高、不易打扫卫生等缺点，改做薄侧柜，收纳化妆品等，更实用

【新做法】

现在，发现卧室进门衣柜外侧做开放式圆弧储物格（隔板柜），存在造价高、不易打扫卫生等缺点，故可留出大约 20cm 改做薄侧柜，收纳化妆品等，更实用。

装修法宝

薄侧柜的应用场景

①L 形厨房增加超薄柜（25~35cm）。

② 冰箱侧边做薄柜。

③ 厨房烟道留出大约 12cm 做薄柜。

④ 电视墙侧边做薄柜。

⑤ 卧室开门衣柜侧边做薄柜。

⑥ 洗漱台上方做薄柜。

⑦ 玄关侧边留出大约 25cm 做薄柜。

⑧ 阳台洗衣机侧边做薄柜。

⑨ 走道墙面做薄柜。

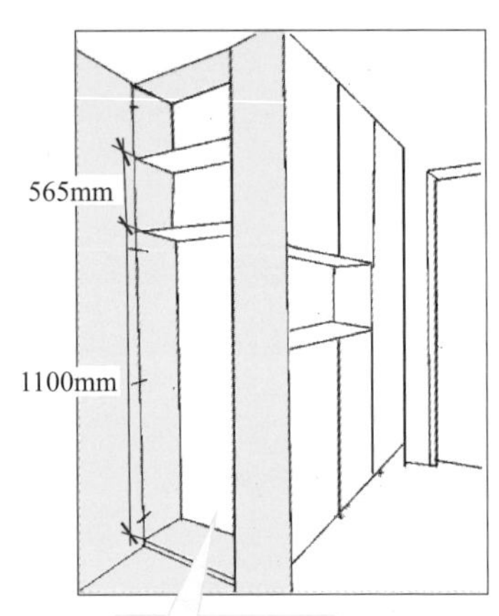

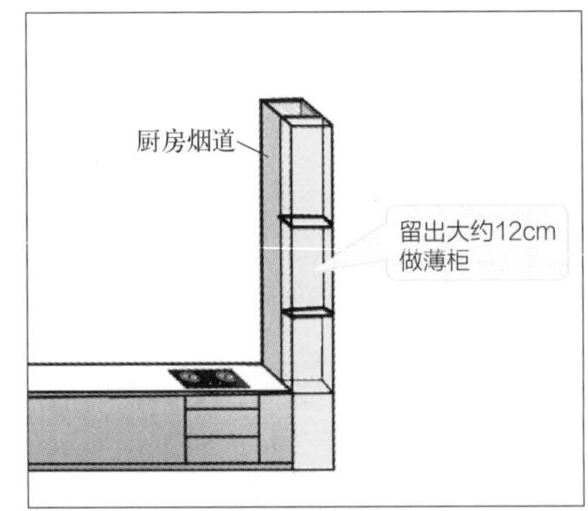

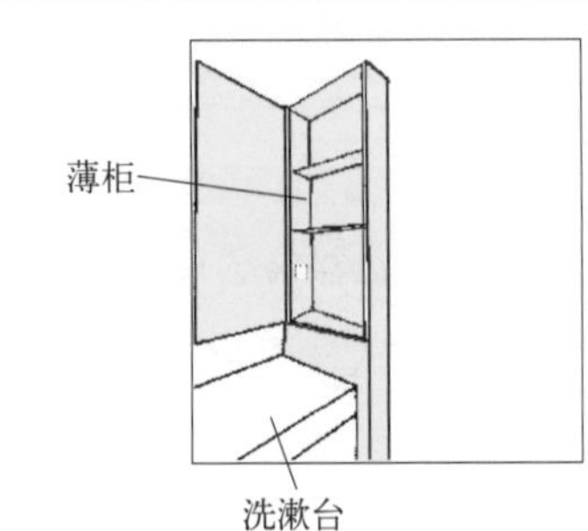

6.20　悬空洗漱台的做法

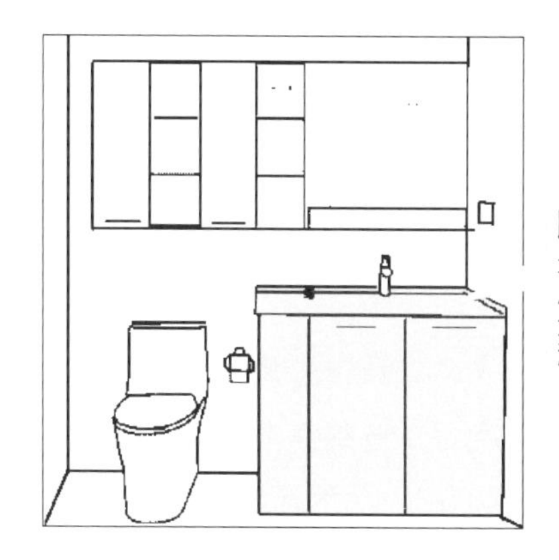

以前，洗漱柜做到地面，可以增加收纳空间，但洗漱时，腿脚总是难免碰到柜门，以及地面难免会溅水，时间一长柜体容易生潮发霉

[经典传统做法]

以前，洗漱柜做到地面（落地柜），可以增加收纳空间。但洗漱时，脚腿总是难免碰到柜门，以及地面难免会溅水，时间一长柜体容易生潮发霉。

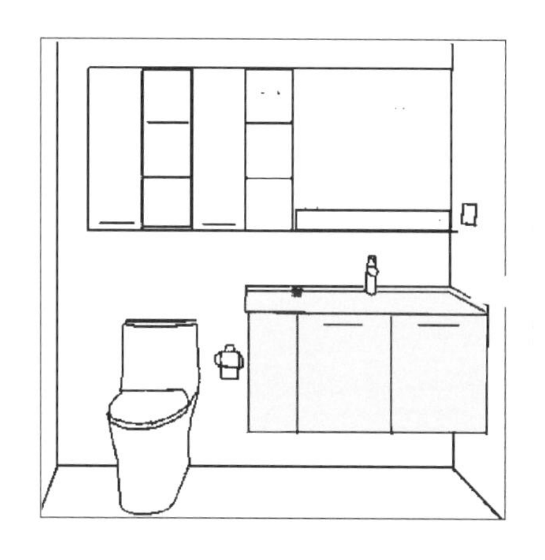

现在，洗漱台悬空，可以防止踢踏柜门，悬空大约200mm。如果考虑柜底放垃圾桶等，则需要根据其常见尺寸来设计高度

扫码看视频

悬空洗漱台的做法

【新做法】

现在，洗漱台悬空，可以防止踢踏柜门，悬空大约 200mm。如果考虑柜底放垃圾桶等，则需要根据其常见尺寸来设计高度。

洗漱台有关的那些知识

① 壁挂式悬空洗漱台一般选择墙排。

② 洗漱台的底部依照自己的喜好来选择开放式隔板、封闭式柜子还是混搭设计，这些都能满足毛巾及一部分洗漱用品的收纳需求。

③ 如果壁挂式悬空洗漱台墙体是实心的，则不能装在空心墙体上。

6.21 不做床头柜，改用悬浮书桌（柜）的做法

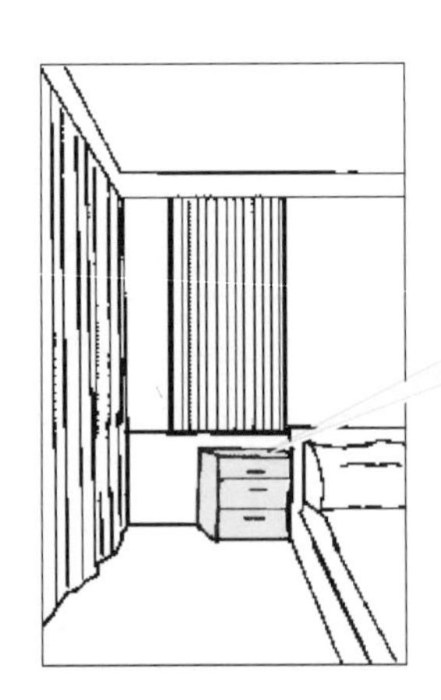

以前， 床头旁边设计床头柜

[经典传统做法]

以前，床头旁边设计床头柜。传统落地式床头柜，具有笨重、可独立搬动，以及床头柜附近空间利用不充分等特点。

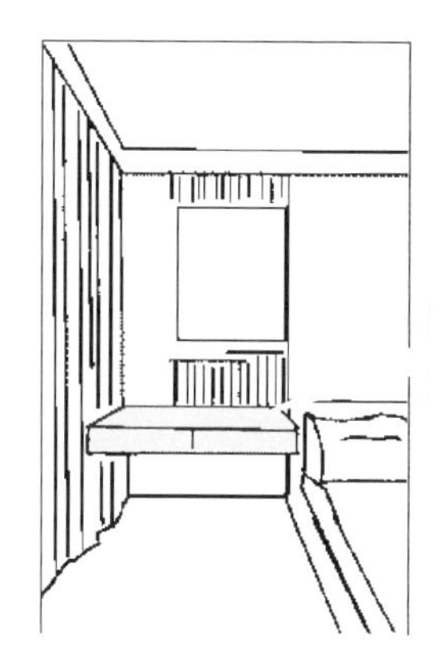

现在，床头旁边设计悬浮书桌，具有多样性

【新做法】

现在，床头旁边设计悬浮书桌（柜）。悬空式床头柜具有多样性，轻巧美观，能缓解卧室厚重感，减少卫生死角等特点。床头旁边有的设计高低台、壁龛书架、简约小板子、壁挂床头柜、床头柜上面加上一组导轨抽屉、床头与衣柜 / 床打通一体化设计等方式。

装修法宝

床头柜的特点与应用

① 床头柜底部离地 10~15cm 以上的，容易打理。

② 床头柜可以设计抽屉，抽屉高度一般为 15~20cm，有一定的收纳力。

③ 书桌代替床头柜，书桌高度一般大约 75cm。浮式书桌，可以利用膨胀螺栓固定在墙面上。

④ 壁龛也可以代替床头柜。

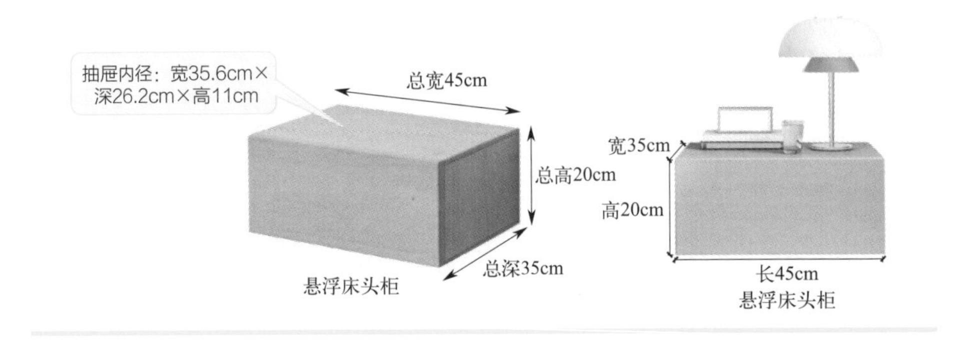

6.22 大厨房采用红砖砌＋瓷砖组成橱柜的做法

[经典传统做法]

以前，橱柜往往采用的是木质橱柜。纯实木橱柜对木种的一致性要求较高，整体自然，效果好。实木复合橱柜以实木拼接料为基材，表面贴实木皮，能够达到实木的视觉效果。木质橱柜具有不耐用易变形等缺点。

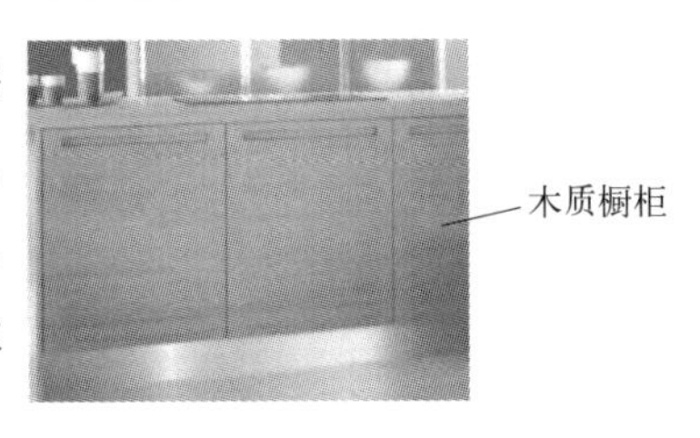

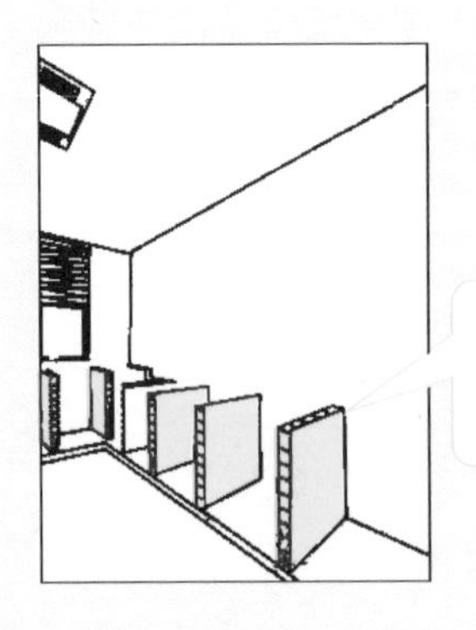

现在，大厨房采用红砖砌壁橱，瓷砖铺贴，不锈钢收口，配定制橱柜门，组成橱柜，结实牢靠，防潮防虫

【新做法】

现在，大厨房采用红砖砌壁橱，瓷砖铺贴，不锈钢收口，配定制橱柜门，组成橱柜，结实牢靠，防潮防虫。

装修法宝

橱柜的特点与应用

① 红砖砌橱柜主要步骤：打好底座、红砖砌隔断墙、台面打板、现浇台面、贴瓷砖、安装台面等。

② 橱柜的组成：台面、柜体、门板、五金等。

③ 橱柜台面的种类：瓷砖、天然石、防火板台面、不锈钢台面、人造石台面等。

④ 柜体板主要采用：三聚氰胺双面刨花板、瓷砖、密度板等。

⑤ 橱柜的门板：耐火板、双饰板、模压板（吸塑板）、烤漆系列（金属烤漆、钢琴烤漆）、实木板、UV 面板等。

⑥ 地柜高度为 850~900mm（地面到台面）；吊柜高度为 600~900mm；地面到吊柜顶部为 2200~2300mm；抽油烟机高度为 1500~1600mm。

6.23　窗台与橱柜台面平齐的做法

[经典传统做法]

以前，窗台比橱柜台面高，不方便收纳。

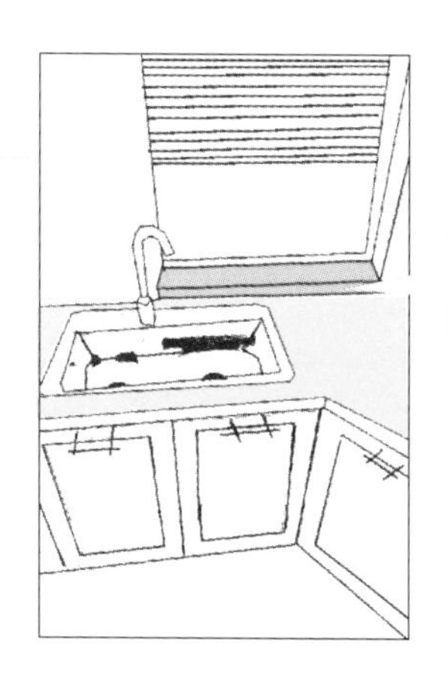

以前，窗台比橱柜台面高，不方便收纳

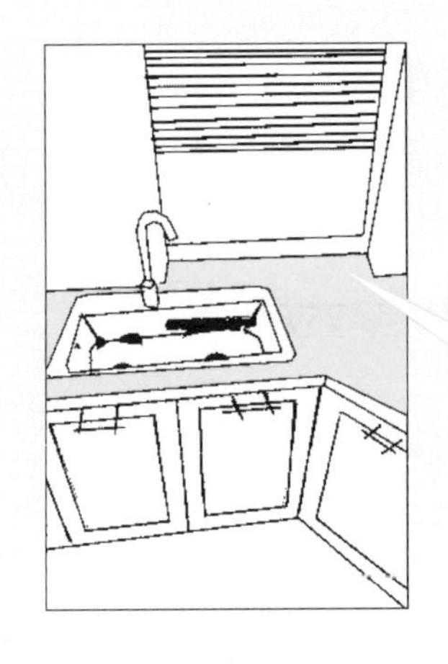

【新做法】

现在，窗台与橱柜台面平齐，方便收纳。

6.24 鞋柜抽拉镜子的做法

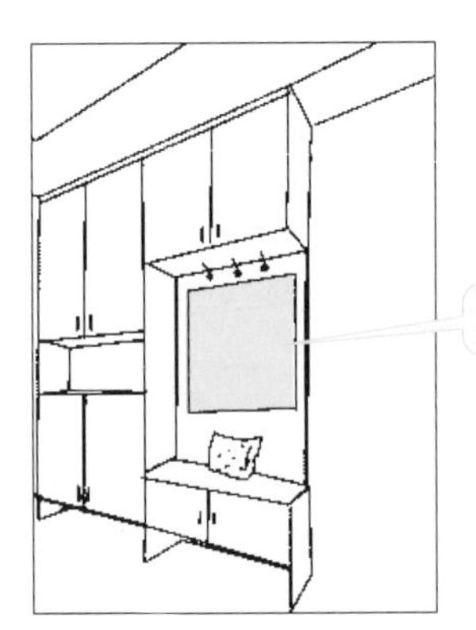

[经典传统做法]

以前，鞋柜处的镜子是固定安装的，不用时也不能隐藏。

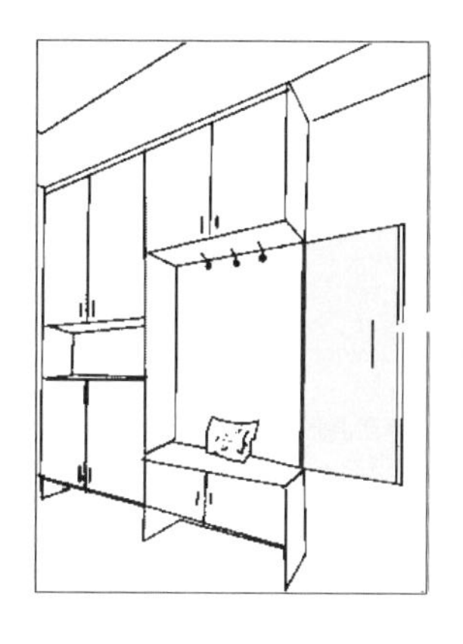

现在，鞋柜采用抽拉全身镜，用时可以拉出来。不用时，可以塞进去

【新做法】

现在，鞋柜采用抽拉全身镜，用时可以拉出来。不用时，可以塞进去。

装修法宝

镜子的特点与应用

① 家居镜子放置情况：玄关摆镜子用于整理仪容、衣帽间摆镜子用于更衣搭配、衣柜门背装镜子用于更衣搭配、浴室镜用于洗漱梳妆打扮、梳妆台摆镜子用于梳妆打扮等。

② 可以不使用玻璃镜子，而选择玻璃镜面纸。

③ 镜子不宜对着窗户放置。镜子不宜正对着学习桌，以免影响学习。

④ 镜子不宜对着室内其他的房门放置。

⑤ 镜子不宜对床摆放，以免影响健康。

⑥ 镜子不宜放在阳台上，以免反射等影响邻里关系。

⑦ 玄关镜子不得摆正对放门，尽量做在侧面。

⑧ 镜子不宜正对着睡床，以免影响睡眠。

⑨ 镜子不宜放在厨房。

6.25 去掉单独的床头柜，衣柜设计书桌、床头柜

[经典传统做法]

以前，采用单独的床头柜，往往挡住了衣柜门。

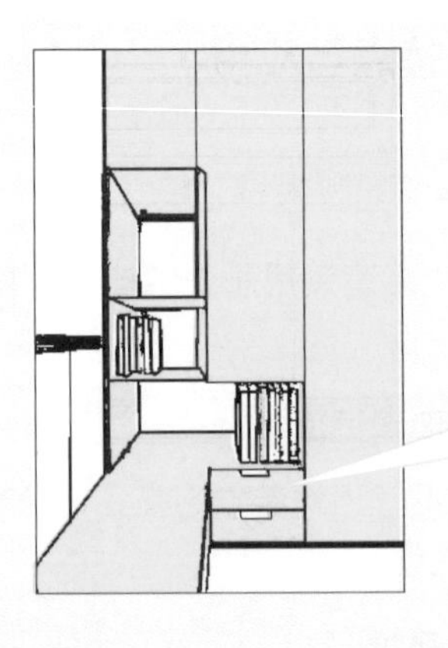

【新做法】

现在，去掉单独的床头柜，衣柜设计延伸柜，可以做书桌、床头柜。衣柜延伸柜也可以缩进。

装修
法宝

衣柜的床头柜尺寸

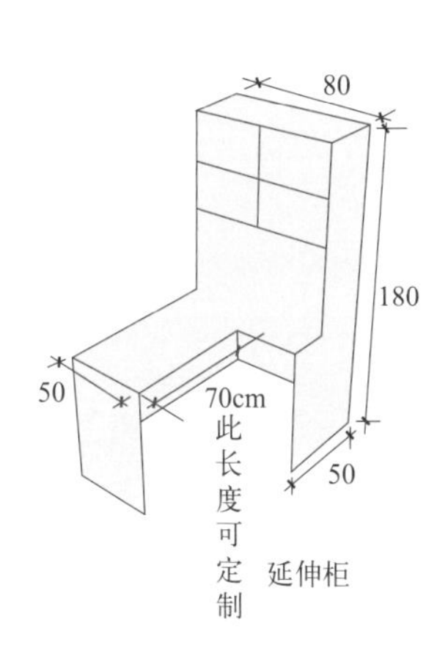

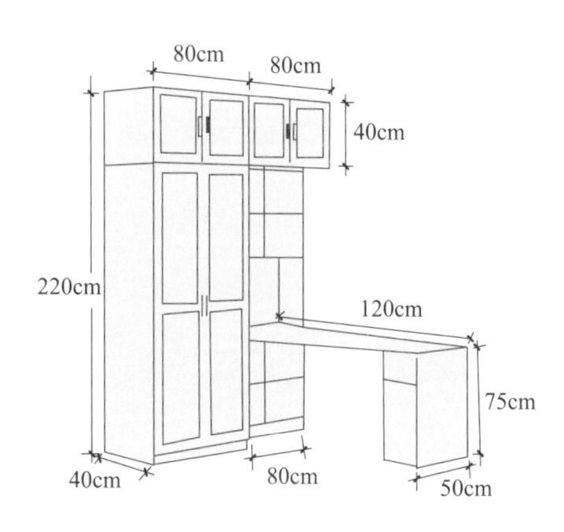

6.26　采用橱柜抽屉碗篮的做法

[经典传统做法]

以前，橱柜采用隔板形式，用底层隔板，往往需要弯腰，找东西需要翻箱倒柜。

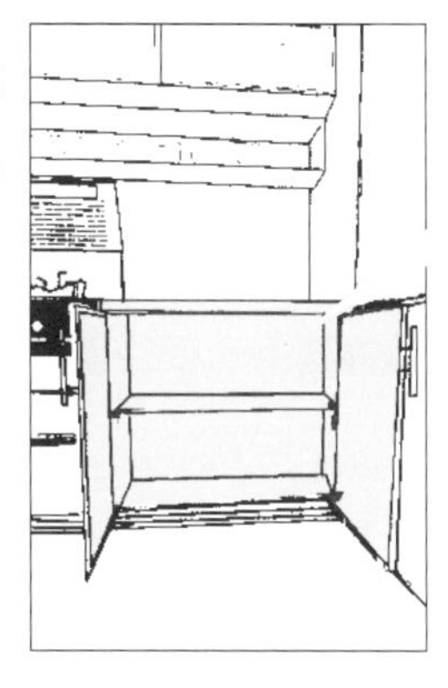

以前，橱柜采用隔板形式，用底层隔板，往往需要弯腰，找东西需要翻箱倒柜

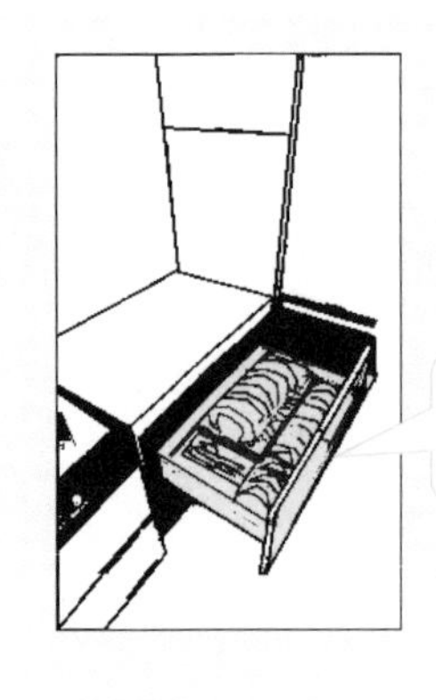

现在， 橱柜往往采用抽屉碗篮，拿放东西方便

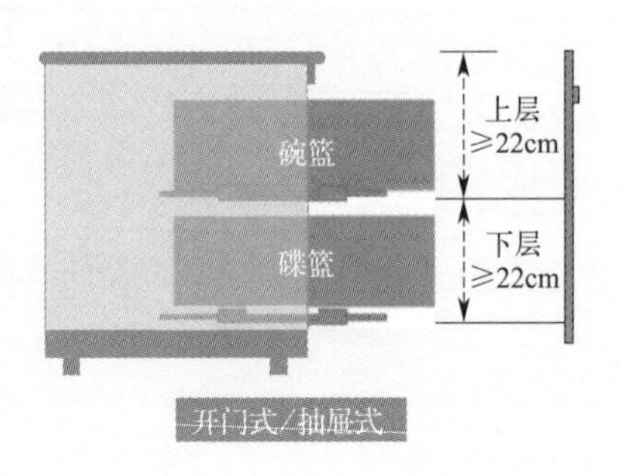

【新做法】

现在，橱柜往往采用抽屉碗篮，拿放东西方便。

碗篮的尺寸

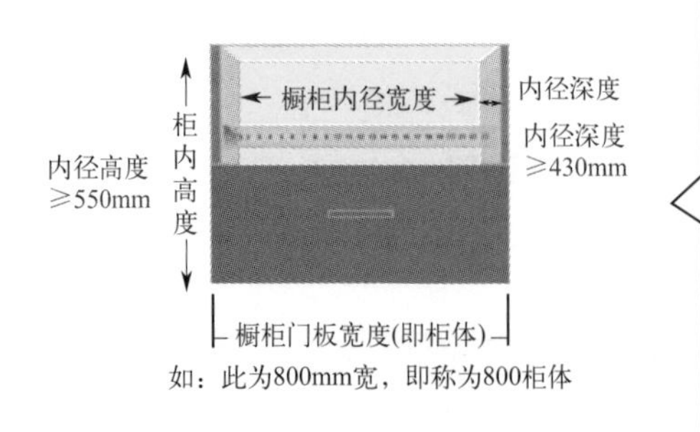

柜体规格	拉篮尺寸(宽×深×高)/mm	柜内净宽要求/mm
550柜体	440×410×140	505～530
600柜体	490×410×140	555～580
650柜体	550×410×140	605～630
700柜体	590×410×140	655～680
720柜体	610×410×140	675～700
750柜体	640×410×140	705～730
800柜体	690×410×140	755～780
850柜体	740×410×140	805～830
900柜体	790×410×140	855～880

6.27　橱柜原地脚线做抽屉的做法

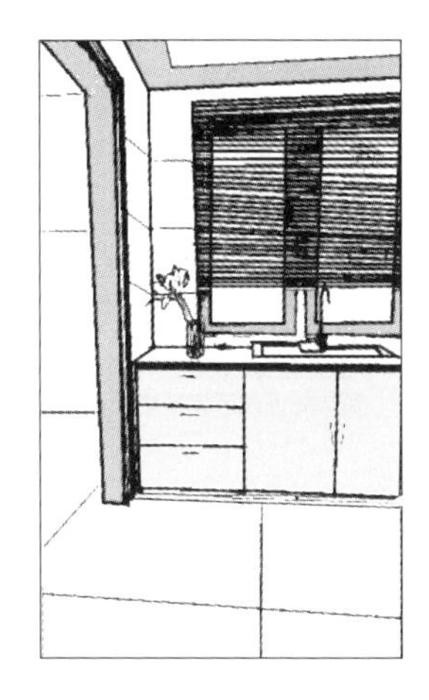

以前，橱柜下面常做地脚线

[经典传统做法]

以前，橱柜下面常做地脚线。橱柜地脚线具有保护整个橱柜不受外力碰撞造成损坏、有效阻止地面上的水流到橱柜底部而起到防水防潮、调节橱柜视觉等作用。但是，地脚线里面的空间打理不方便，而且脚容易碰到地脚线。

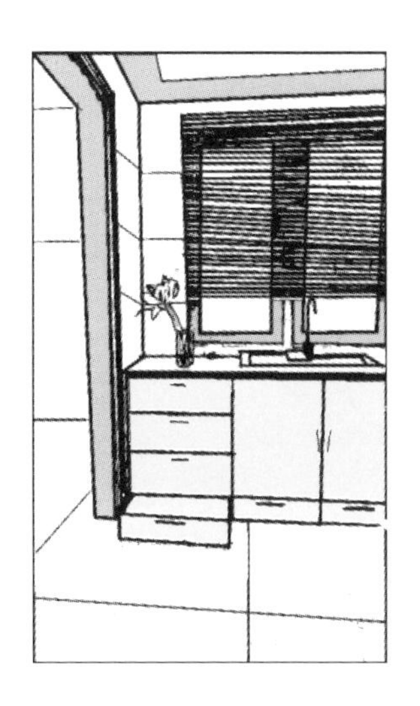

现在，橱柜原地脚线做抽屉，并且把橱柜台面加宽加高

【 新做法 】

现在，橱柜原地脚线做抽屉，并且把橱柜台面加宽加高。

抽屉的特点与应用

① 放东西用的匣子（抽屉）高度有 10cm、15cm、20cm 等尺寸。

② 橱柜抽屉尺寸高度为 30~100cm。橱柜底脚线的高度一般为 80mm。

③ 橱柜采用高度为 70~100cm 的抽屉，已属于大抽屉。

6.28 衣柜抽屉改为放门衣柜外的做法

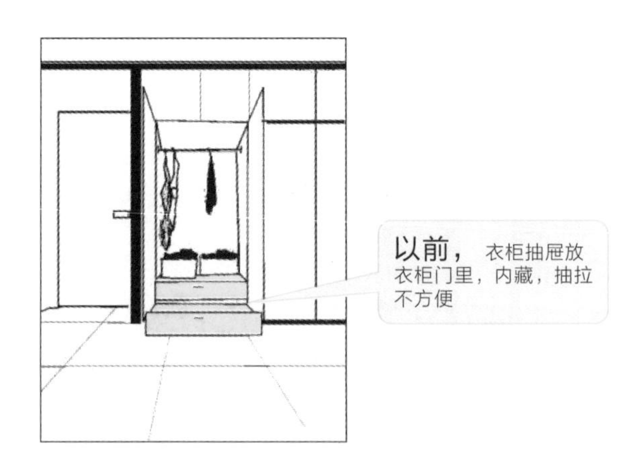

[经典传统做法]

以前，衣柜抽屉放衣柜门里，内藏，抽拉不方便。

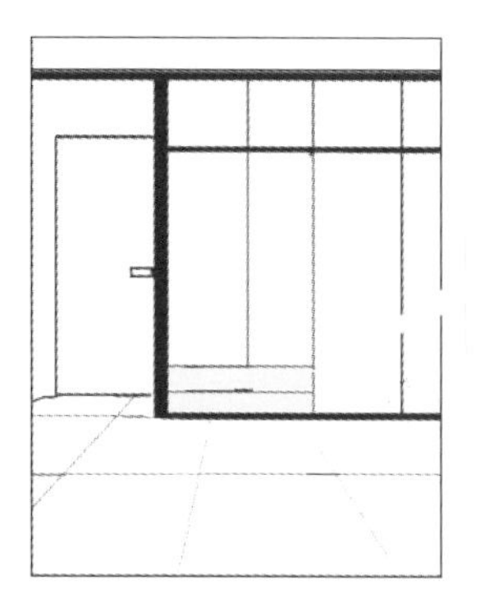

现在， 衣柜抽屉放衣柜门外，外露，抽拉不需要开衣柜门

【新做法】

现在，衣柜抽屉放衣柜门外，外露，抽拉不需要开衣柜门。

装修法宝

衣柜抽屉的特点与尺寸

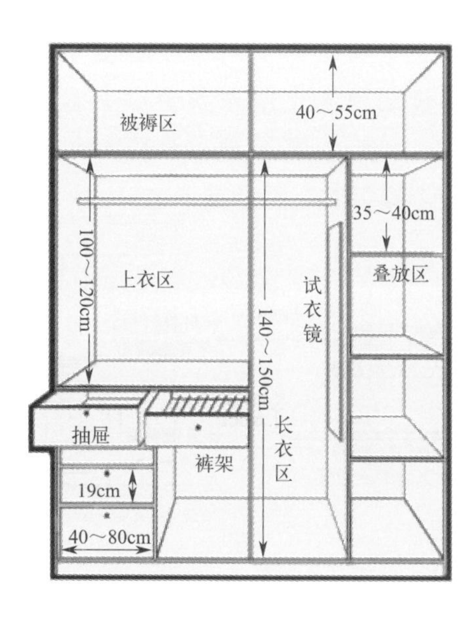

① 衣柜抽屉尺寸每个高为 150~200mm。

② 衣柜顶层抽屉上沿离地面 <1250mm、底层抽屉下沿离地面 >60mm，抽屉深为 400~500 mm。

6.29 杆架代替衣柜的做法

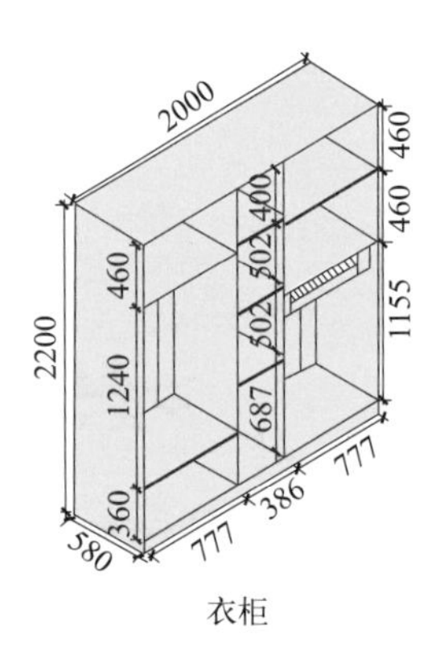

衣柜

[经典传统做法]

以前，常采用衣柜存放衣物。

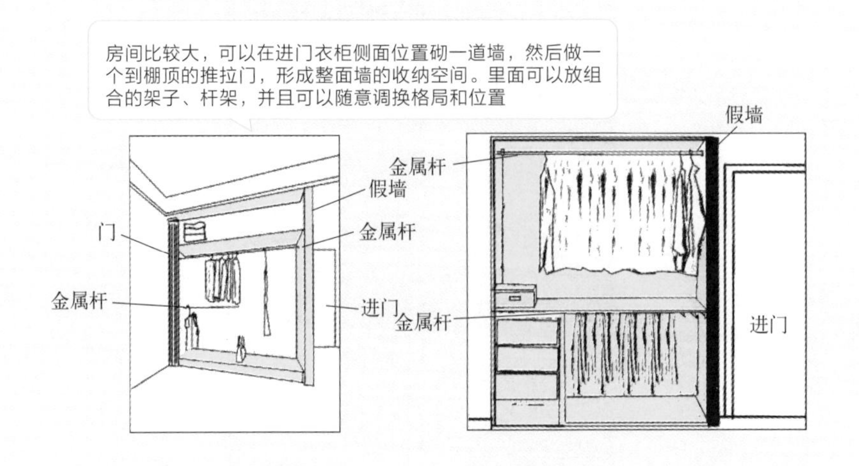

【新做法】

现在，房间比较大，可以在进门衣柜侧面位置砌一道墙，然后做一个到棚顶的推拉门，形成整面墙的收纳空间。里面可以放组合的架子、杆架，并且可以随意调换格局和位置。

装修法宝

架子杆架衣柜参考

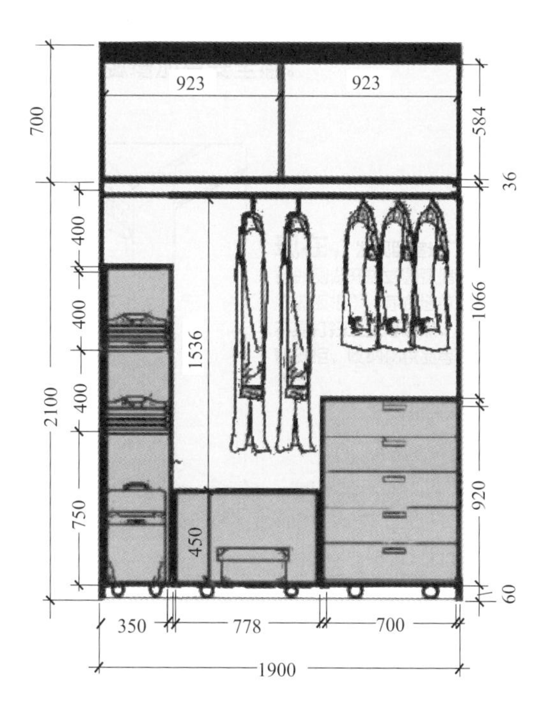

6.30 采用排骨架榻榻米的做法

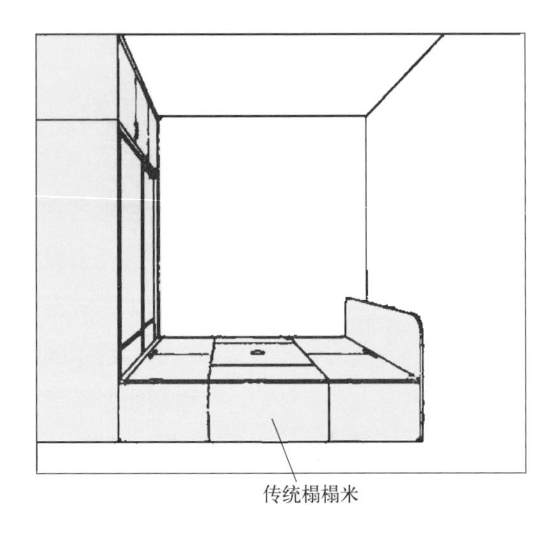

[经典传统做法]

以前，采用传统榻榻米，可以使收纳空间翻倍，并且具有床、地毯、凳椅或沙发等多种功能。传统榻榻米往往采用板块，会导致床底部不通风。

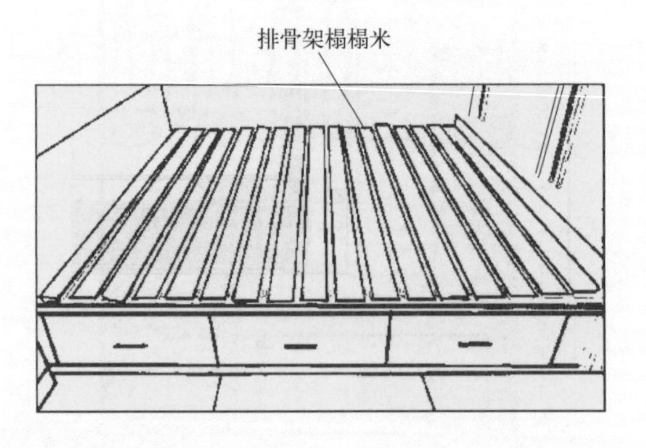

【新做法】

现在，流行采用排骨架榻榻米。排骨架榻榻米床底部的通风换气效果好一些。

装修
法宝

榻榻米布局

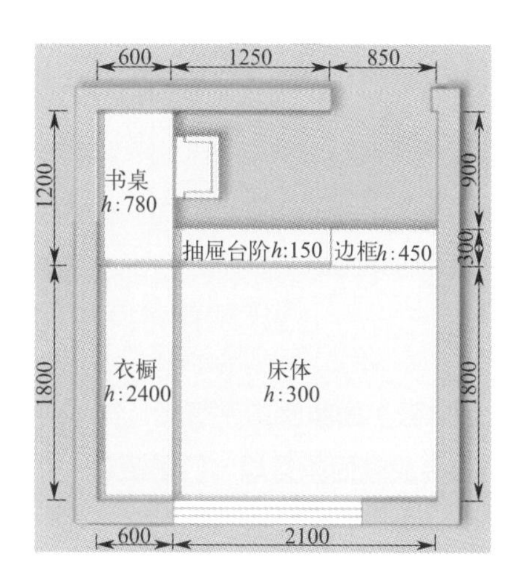

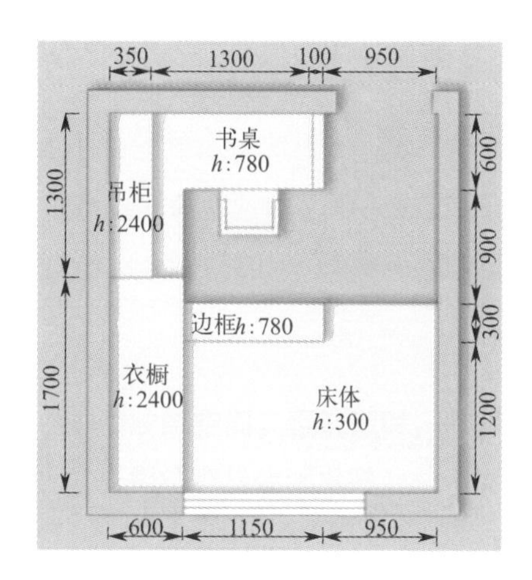

6.31 藏八露二柜的做法

[经典传统做法]

摆放在开放式架子上的物品，除了经常使用的物品外，使用次数少或者一直摆在架子上的物品，物体表面会堆积一层灰。

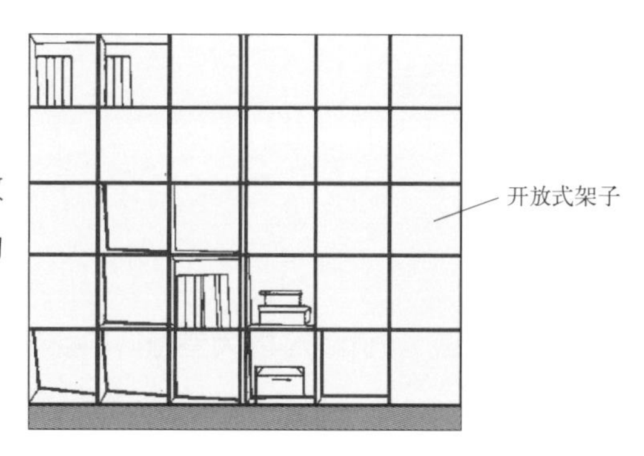

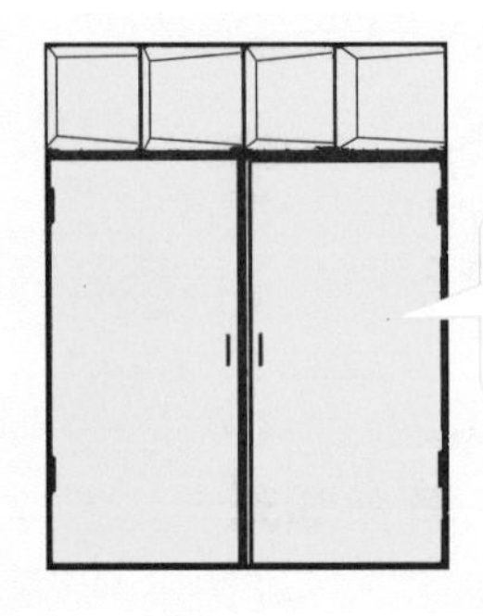

【新做法】

藏八露二柜即一个大柜子，开放式部分最好只占 20%，高度在随手就能够到的位置，以方便拿取 / 清洁，其余地方适合做带柜门的柜子，避免增加清洁打扫的时间和难度。

装修法宝

藏八露二柜的应用

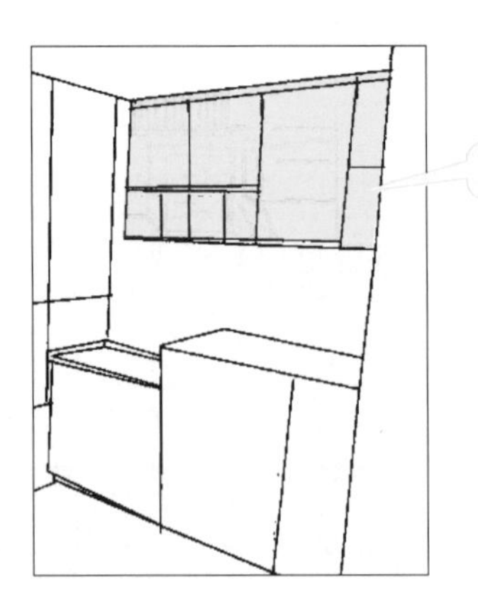

chapter seven

第 7 章

空间装修新做法

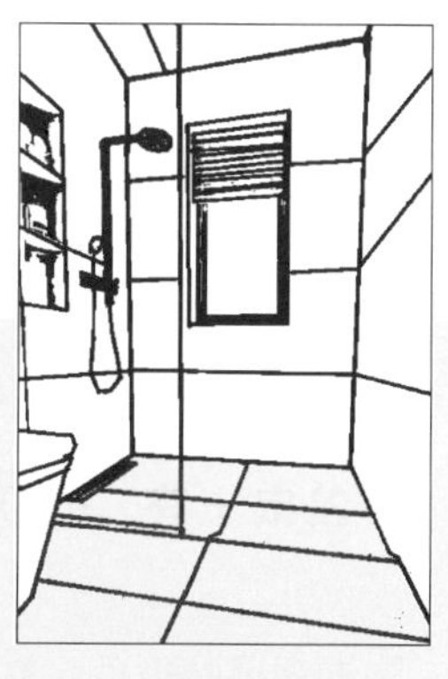

7.1 淋浴区防水至少超过 1.8m 的做法

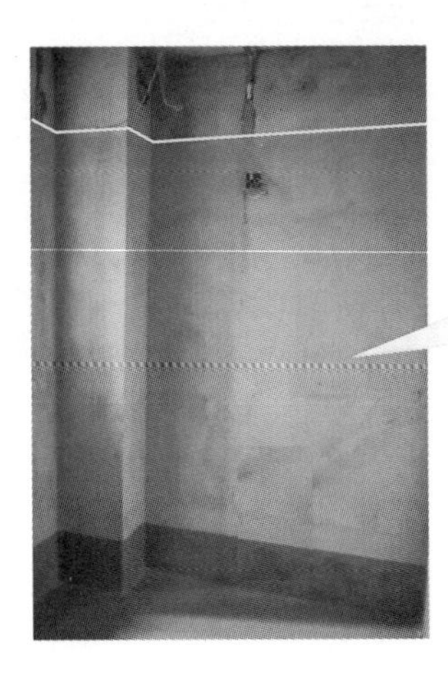

[经典传统做法]

淋浴区防水至少做 1.8m。

【 新做法 】

考虑现在人的身高普遍增高，以及家里有 1.8m 以上的人，淋浴区防水至少超过 1.8m。

装修
法宝

弄清防水怎么做

① 卫生间非淋浴区地面返墙壁防水层高度不低于 30cm，以防止有水飞溅到墙上，引起墙体发霉。

② 卫生间防水的涂刷厚度必须达到 1.5mm。

③ 卫生间非淋浴区的返墙壁防水层高度尽量超过 1.5m。

7.2　浴室不做常规挡水条的做法

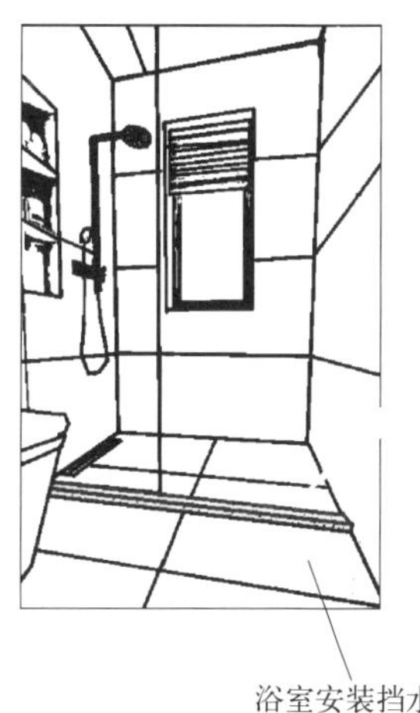

以前，浴室安装挡水条，可以实现干湿分区，使用湿区时干区不会积水，但是，存在绊脚现象,以及清洁起来也不方便

浴室安装挡水条

[经典传统做法]

以前，浴室安装挡水条，可以实现干湿分区，使用湿区时干区不会积水。但是，存在绊脚现象，并且清洁起来也不方便。

【新做法】

目前浴室不做常规挡水条，改为湿区地面低于干区 20~40mm，挡水效果更好。

淋浴区有关知识

① 淋浴区的尺寸，最少应有 90cm × 90cm。淋浴区要做好干湿分离。

② 淋浴区入口处，可以做长条地漏代替挡水条做干湿分离，地面没有凸起。

③ 隐形地漏不实用，漏水速度会变慢很多。

④ 淋浴区站人区域，可以增加一块有拉槽的大理石，以便引导积水排除与更好地防滑。

7.3　厨房装双槽的做法

以前，厨房装双槽，更容易清洁与分类，能节省不少时间。但是，双槽所占的空间面积比单槽大，加上现在生活节奏与方式，双槽均用的情况比较少

[经典传统做法]

以前，厨房装双槽，更容易清洁与分类，能节省不少时间。但是，双槽所占的空间面积比单槽大，加上现在生活节奏与方式，双槽均用的情况比较少。

现在，厨房装大单槽，看起来更大气。水槽变大，刷锅刷碗很方便。选大单槽，尽量选择长方形的大单槽

【新做法】

现在，厨房装大单槽，看起来更大气。水槽变大，刷锅刷碗很方便。选大单槽，尽量选择长方形的大单槽。

装修法宝

厨房水槽

① 厨房地柜宽度，也就是能放进最大水槽的宽度 + 留边的宽度。家用水槽（洗菜盆）最大规格大约为 470mm × 880mm，则橱柜规格最好为 600~650mm。

② 台上盆缝隙多，易藏污，建议选择台下盆。

③ 厨房一般不选择黑色水槽，尽管高端大气，但是出现水垢后会很显眼，影响美观。

7.4 客卫干湿分离的做法

[经典传统做法]

以前，客卫干湿不分离。在卫生间面积比较小、空间局促的情况下，是不能够做到干湿分离的。干湿不分离，主要有潮湿问题、异味问题、急用不能够同时用的问题等。

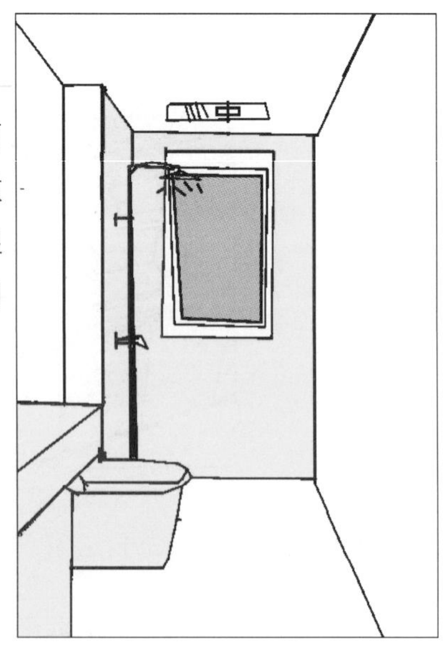

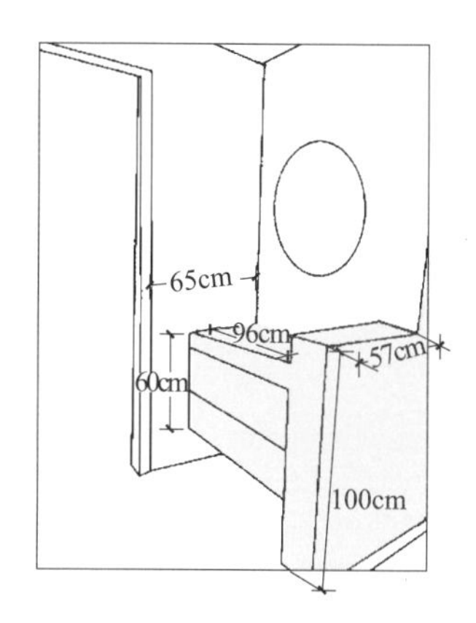

【新做法】

现在，客卫干湿分离地面不再潮湿，安全不易滑倒。遇上赶时间时，干湿分离则可以做到洗漱、沐浴两不误。卫生间大小，不适合选择干湿分离，会让整体面积变得更加狭小。

装修法宝

干湿分离

① 采用分离式卫生间，即四分离式卫生间、三分离式卫生间、二分离式卫生间。

② 四分离式卫生间是指坐便器、盥洗池、淋浴、浴缸四个功能区的分离。

③ 三分离式卫生间是指坐便器、盥洗池、淋浴的分离。

④ 二分离式卫生间是指将盥洗池分离出来。

⑤ 总之，盥洗池要分离出来，以便使用高峰期的早晨，一家人刷牙、洗漱和上厕所的时间可以分散开来。如果在最初装修规划时就做好卫生间功能区的基本分离，就能在一定程度上缓解使用时间重叠的窘境。

客卫干湿分离

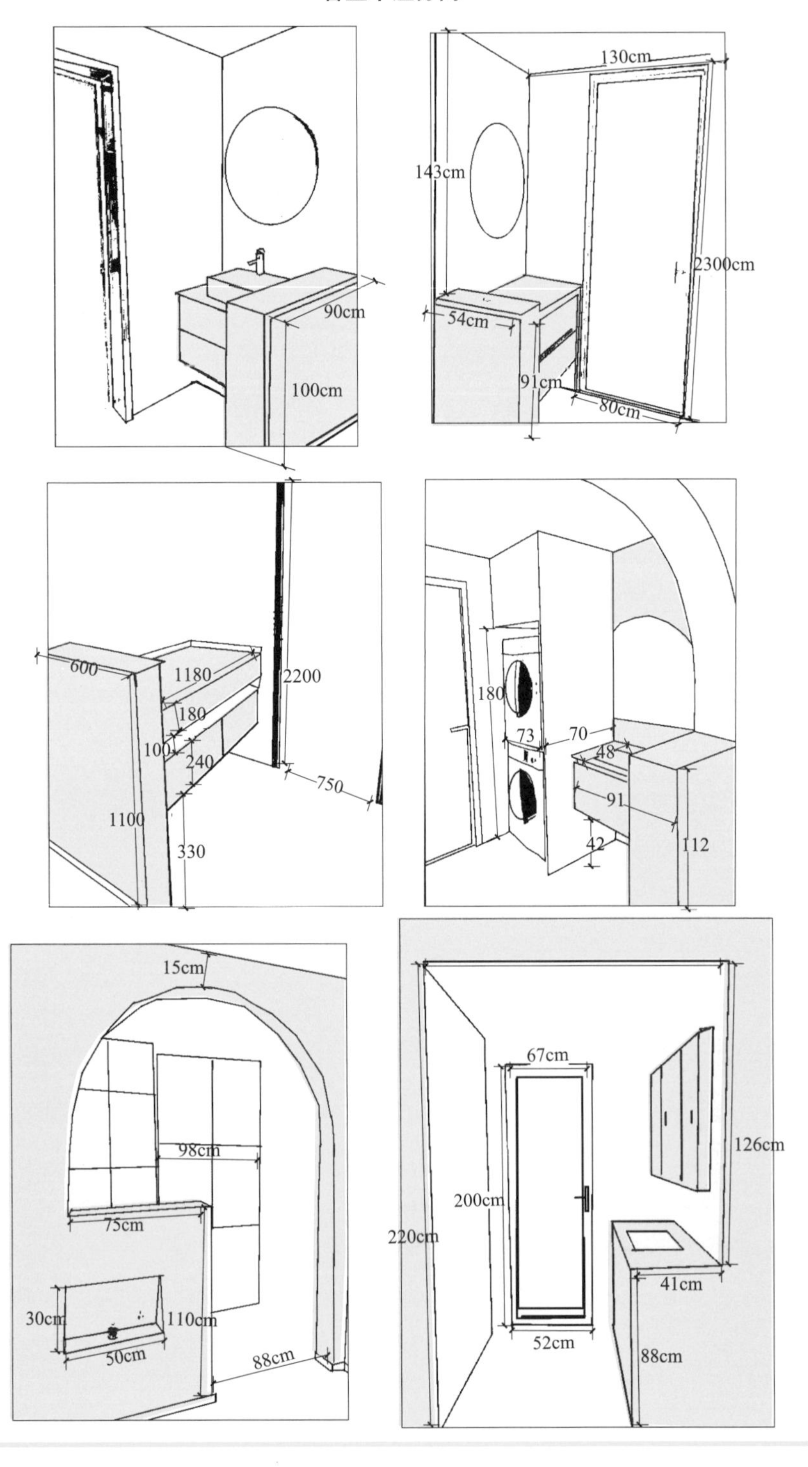

90cm
100cm
130cm
143cm
2300cm
54cm
91cm
80cm
600
1180
2200
180
100
240
750
1100
330
180
73
70
48
91
42
112
15cm
98cm
75cm
30cm
110cm
50cm
88cm
67cm
126cm
200cm
220cm
41cm
52cm
88cm

7.5　阳台不装晾衣架改侧面安装的做法

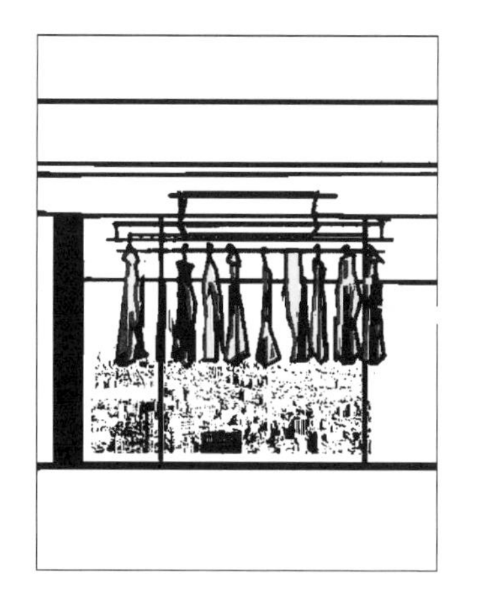

以前，阳台装晾衣架，晾晒衣服方便，但是影响美观

[经典传统做法]

以前，阳台装晾衣架，晾晒衣服方便，但是影响美观。

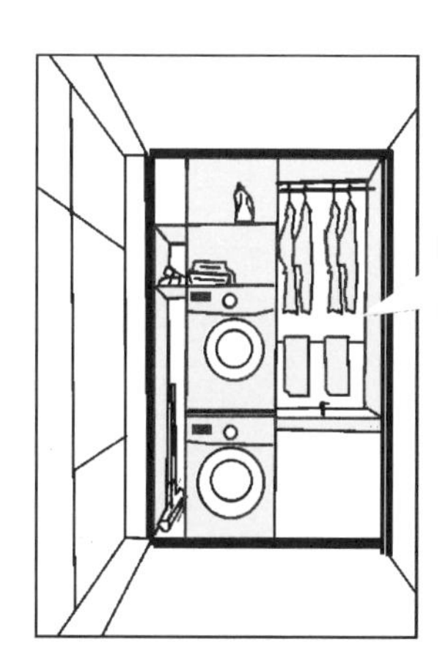

现在，改为阳台侧面安装烘干机、挂衣架、然后拉上纱帘等新做法

【新做法】

现在，改为阳台侧面安装烘干机、挂衣架，然后拉上纱帘等新做法。

装修
法宝

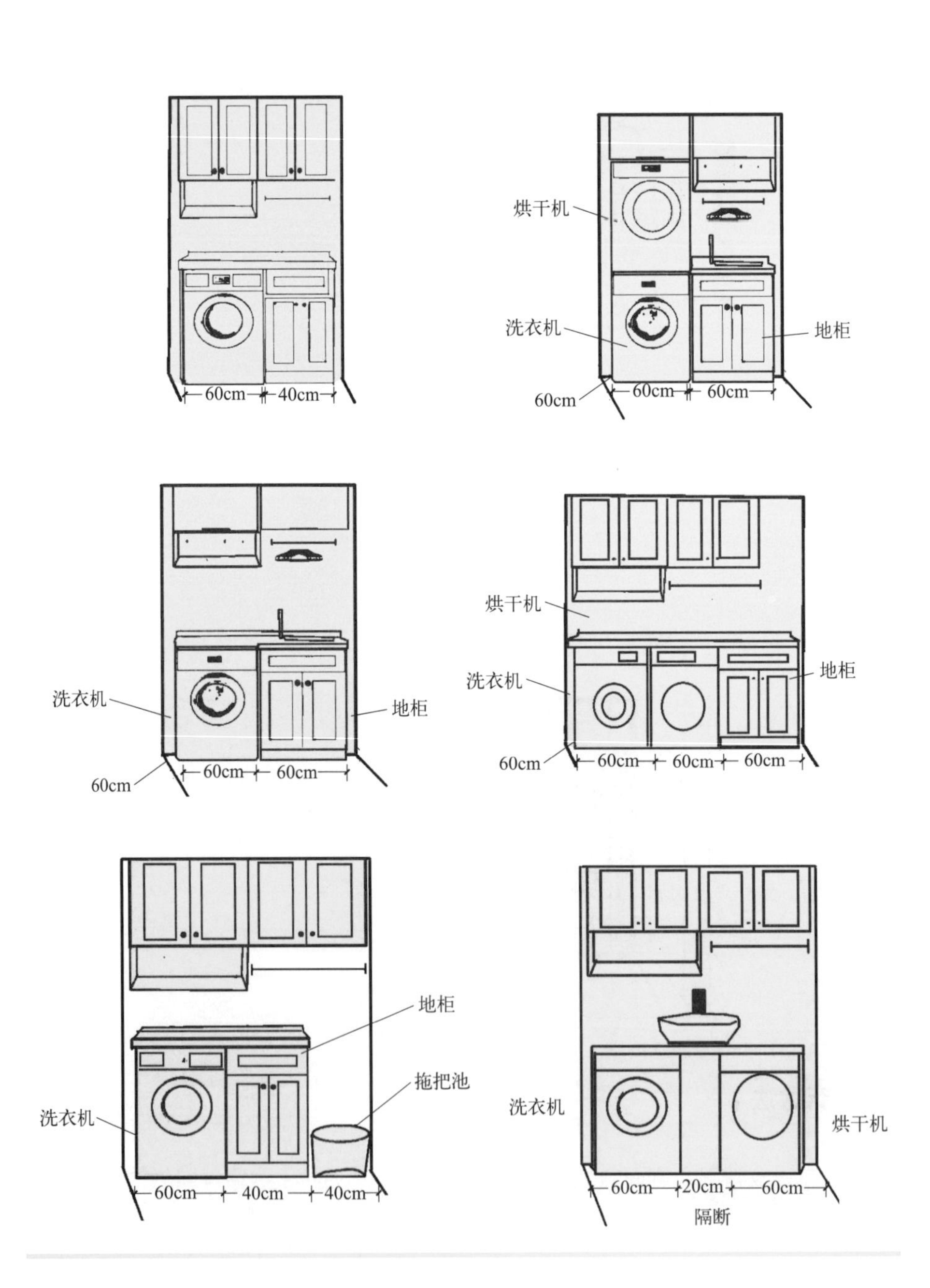
60cm
40cm
烘干机
洗衣机
地柜
60cm
60cm
60cm
洗衣机
地柜
60cm
60cm
60cm
烘干机
洗衣机
地柜
60cm
60cm
60cm
60cm
地柜
拖把池
洗衣机
60cm
40cm
40cm
洗衣机
烘干机
60cm
20cm
60cm
隔断

7.6　阳台侧面满墙改为书桌 + 储物柜的做法

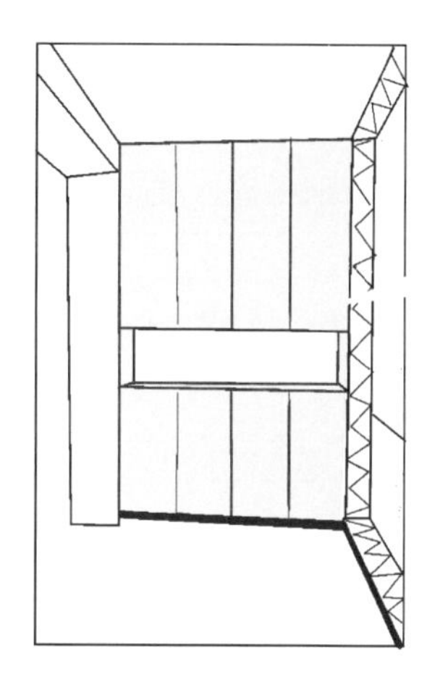

以前，阳台侧面储物柜满墙设计

[经典传统做法]

以前，阳台侧面储物柜满墙设计。

现在，阳台侧面改为书桌+储物柜

【新做法】

现在，阳台侧面改为书桌 + 储物柜的形式。

① 书柜设置在阳台一边，再设计摆上一张藤椅，就是最简单的阳台变书桌的形式。

② 阳台的“配重墙”，起着支撑阳台的作用，不得拆除。

③ 装修阳台需要考虑承载能力，通常每平方米的负载不超过 250kg。如果阳台上安装储物柜，不能超过其负荷，并且应避免阳台上放置过多的家具。

④ 装修阳台必须做防水、供水和排水。

⑤ 阳台围栏的高度必须达到 1.5m，不能低于这个高度。

⑥ 阳台要预留两个地漏，一个洗衣机专用，另一个用于日常排水。

7.7 走廊尽头做收纳柜的做法

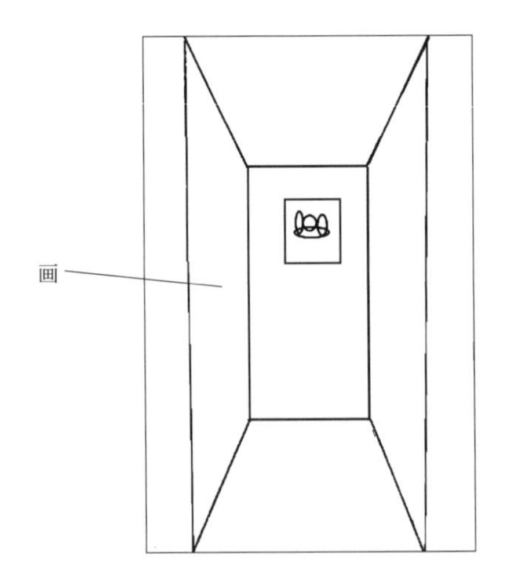

[经典传统做法]

以前，走廊尽头没有充分利用，有的只简单挂了幅画。

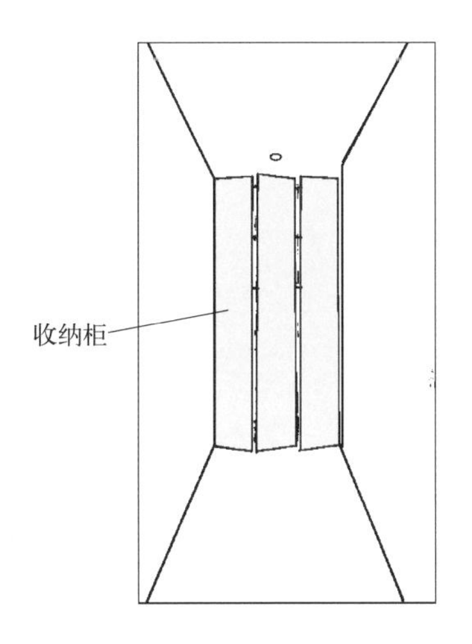

【新做法】

现在，走廊尽头流行做个收纳柜，不浪费家居空间。

装修法宝

走廊尽头这面墙，怎么装?

① 走廊尽头这面墙挂装饰画，可以缓解走在走廊时的压迫感，提升走廊视觉美观效果。

② 走廊位置有一定的深度尺寸，则可以在该位置装端景台，摆上精致饰品与装饰画，让空间显得更加端庄优雅。

③ 走廊角落位置摆一盆绿植，或摆个精致的绿植架子，令人轻松又惬意。

④ 走廊尽头设计成黑板墙，或者墙绘、创意墙饰等。

chapter eight

第8章

其他流行装修新做法速查

8.1 玄关其他新做法

玄关其他新做法

项目	经典传统做法	新做法
利用柜子侧面实现鞋柜功能	—	现在，有种做法就是直接利用收纳柜侧面实现鞋柜的收纳
猫眼摄像头	—	采用猫眼摄像头，实现监控，远程查看、人形侦测、实时告警、录像存储等功能
新鞋柜	—	现在，一种新鞋柜靠 3 部分：第一部分靠门，下面做折叠换鞋凳，方便且不占空间，上面做挂衣架，回家衣服随手挂；第二部分，即中间部分，做旋转鞋架，层板可随意调节，可放鞋量大；第三部分，右部分，做滑轮抽拉伞架，底部是沥水盆
玄关柜底部	以前，玄关柜底部到地面，进门换鞋，次次均需要开柜门，特别不省心	现在，玄关柜底部悬空，进门换鞋，直接塞至悬空部位，除了省心之外，清洁也方便
玄关可旋转的穿衣镜	—	玄关现在流行采用可旋转的穿衣镜，以便兼顾挂衣区、收纳区等
玄关镂空位置	玄关镂空位置没有打造氛围	玄关镂空位置的氛围感打造方法包括玄关柜中间镂空位置装猫眼、感应灯等

8.2 厨房其他新做法

厨房其他新做法

项目	经典传统做法	新做法
不锈钢台面的橱柜	采用不锈钢台面的橱柜	现在流行不选不锈钢台面的橱柜，因为不锈钢台面容易留下划痕且显得不上档次等
抽拉式水龙头，抽拉使用更方便	以前，选择固定水龙头	现在，流行选择抽拉式水龙头，这样洗头、洗菜等抽拉方便
厨房白色地砖	厨房装白色的地砖	现在厨房不装白色的地砖，因为白色的地砖不耐脏
厨房白色亚克力柜门	厨房装白色亚克力柜门	现在厨房不装白色亚克力柜门，因为白色亚克力柜门刚装时确实好看，但后期会发黄
厨房板材橱柜	厨房装板材橱柜	现在采用铝合金框架的瓷砖橱柜，厨房不装板材橱柜，因为厨房板材橱柜不耐用、不结实
厨房抽拉板	—	现在小厨房没有专门做家电收纳区或者高柜，则在橱柜里做一个抽拉板，用于专门收纳经常使用的电饭煲或者微波炉，以减少占用台面的空间。做成开放式，内部预留电源，日常无需取出就能使用

续表

项目	经典传统做法	新做法
厨房抽屉与拉篮	多拉篮、少抽屉	现在厨房流行多抽屉、少拉篮，因为抽屉更方便碗盘、餐具等收纳
厨房传统把手的柜门	厨房装传统把手的柜门	现在厨房采用隐形把手，不装传统把手的柜门，因为隐形把手外表更加简洁、美观
厨房灯设计	以前，厨房采用主灯设计	现在，厨房流行采用无主灯设计。从而减小阴影，保证做饭时光线充足，操作时更方便
厨房吊顶预留检修口	厨房吊顶没有预留检修口	现在厨房吊顶流行预留检修口
厨房独立开关的插座	厨房没装没有独立开关的插座	现在厨房装有独立开关的插座。厨房电器较多，繁拔插，容易损坏
厨房反弹式橱柜门	厨房装反弹式橱柜门	现在厨房不装反弹式橱柜门，流行采用隐形柜门等
厨房防油贴纸	以前，厨房没贴防油贴纸	现在，流行厨房贴防油贴纸。贴防油贴纸可以防油、防水、防溅，一贴一撕，方便
厨房防指纹油渍水龙头	—	现在厨房流行采用防指纹油渍水龙头，便于清洁与去垢
厨房复杂橱柜门	厨房装造型复杂的橱柜门	现在流行采用简洁平滑的柜门，不采用造型复杂的橱柜门。复杂欧式橱柜门具有各种凹槽，易积灰
厨房光源	厨房装单一光源	现在厨房不装单一光源，吊柜下方加装一些感应灯条
厨房降温	—	凉霸，就是一台“有叶风扇”，只是外观上设计成可内嵌于吊顶内，不占空间。风扇是没有降温的作用，只是加速了室内空气的流动
厨房嵌入式垃圾桶	水槽边装嵌入式垃圾桶，扔垃圾方便了	现在水槽边不再装嵌入式垃圾桶。水槽边装嵌入式垃圾桶，容易污染橱柜内部环境，夏天容易招小飞虫
厨房石材台面	厨房装石材台面	现在应用不锈钢水槽一体台面，因为厨房石材台面用久了会渗色
厨房水槽洗碗机	厨房装水槽洗碗机	现在厨房不装水槽洗碗机，因为容量小，不能洗锅，只能洗碗
厨房小西厨	小厨房没有小西厨	现在小厨房流行采用小西厨，这样既满足了很多人想要的开放式厨房，又增加了厨房的操作空间，还能多安装一个水槽
橱柜台面承重工艺	以前，橱柜台面薄，没有加固	现在，橱柜台面往往加固，因为现在讲究养生美食，炖排骨前往往需要砍骨头，需要加固台面骨架
吊柜留缝的橱柜	选吊柜留缝的橱柜	现在流行不选吊柜留缝的橱柜。吊柜留缝会存在卫生死角
吊柜上翻门	以前，柜子大多采用上翻门	现在，柜内流行采用升降拉篮，因为吊柜做上翻门，初衷是为了开柜门不会碰头。然而对于小个子成员不友好，每次想打开柜门都很困难，放回物品后，还要努力踮脚关闭柜门
颗粒板橱柜	采用颗粒板橱柜	现在流行不选颗粒板橱柜，因为厨房水多，颗粒板最怕水，遇到水可能会膨胀变形
普通吊柜改成双层吊柜	以前，采用通顶普通吊柜	现在，流行采用双层吊柜。双层吊柜能够让收纳空间翻倍
燃气报警器的采用	—	燃气报警器，是一种专门检测燃气泄漏的报警器，可以有效预防因燃气泄漏引发的事故。部分燃气报警器还具有关闭燃气管道阀门、开启排气扇等功能

续表

项目	经典传统做法	新做法
万向头龙头	以前，采用专用水槽龙头	现在，流行采用万向头龙头，这样可以彻底清理水槽，防止洗碗水溅
微波炉吊柜	以前采用微波炉吊柜，没有考虑端热盘子等危险情况	现在流行采用微波炉平柜
小厨房色谱	小厨房没有考虑色谱	现在流行对小厨房色谱进行重视。小厨房，最好选择自然界中柔和色调，不要组合太多颜色
烟雾报警器的采用	—	一旦发生火灾，烟雾报警器可以及时通知屋主人进行处理，而且发生火灾之初就得到及时处理，减少损失。但是，火势蔓延变大时，则需要专门的灭火器材或者消防员来灭火
隐藏式垃圾桶	隐藏式垃圾桶，把垃圾桶隐蔽了，美观一些	现在流行不采用隐藏式垃圾桶。隐藏式垃圾桶，容易滋生细菌
抽油烟机包进橱柜内	以前，抽油烟机包进橱柜内，视觉上美观些	现在，抽油烟机不包进橱柜内，考虑散热与安全
灶台到墙边的距离	—	灶台到墙边的距离应≥ 30cm，方便炒菜时摆放盘子，不至于每次炒完菜后，都需要把锅端到操作台上来盛装
灶台与水槽的距离	—	灶台与水槽的距离不宜太远或太近，灶台与水池两边的距离大于 30cm，以留出放碟子位置，以及有一定的肢体发挥空间

8.3　客厅其他新做法

客厅其他新做法

项目	经典传统做法	新做法
电视伸缩架	以前，有的电视墙采用满墙柜形式，存在观看角度受限制的缺点	现在，电视墙满墙柜采用电视伸缩架，可以实现无死角地观看电视
客餐厨一体（LDK）动线	以前，没有客餐厨一体设计	现在，客餐厨一体（LDK）设计，能够让空间变得更加宽敞通透
客厅大茶几	—	现在，客厅采用弱化大茶几。目前，一些人喜欢宅居，以及待客习惯去外面。为此，去客厅化设计大茶几被弱化，甚至被抛弃，采用沙发 + 地毯 / 草席 / 藤席等组合
客厅电视	以前，以电视为核心布局客厅	现在，客厅电视边缘化，互动布局核心化
皮沙发与布艺沙发	以前，选择皮沙发较多些	现在，流行选择布艺沙发

8.4 卫生间其他新做法

卫生间其他新做法

项目	经典传统做法	新做法
卫生间地漏 S 弯	—	现在卫生间地漏做 S 弯，这样防臭效果更好
卫生间台盆	卫生间台盆做得浅	现在流行采用深台盆，如果卫生间台盆采用浅的，则水会溅得到处都是
卫生间贴砖	以前，贴砖基本要求贴平即可，没有刻意要求墙地通缝、对缝贴。结果，视觉感差	现在，要求墙地通缝、对缝贴，从而使卫生间一体感更强
卫生间洗手盆感应灯	—	现在卫生间洗手盆安装感应灯，体验感好
卫生间下水管包隔音棉	—	现在卫生间的下水管流行包隔音棉，这样不会听得到楼上冲水的声音
水浸传感器的采用	—	水浸传感器，主要作用是检测是否发生漏水，即一旦出现漏水，会触发水浸传感器，并且触发警报。警报方式有只支持本地警报、支持本地和远程报警等种类

8.5 卧室其他新做法

卧室其他新做法

项目	经典传统做法	新做法
抽拉床头柜	—	卧室定制平开门衣柜，床头柜可能影响到开门。为此，定制衣柜时做个抽拉式床头柜，晚上睡觉时拉出来放手机、水杯，不用时放回去
飘窗成就书桌	—	现在，飘窗铺上隔板延伸出来，即为完美书桌。如果飘窗过低，则可以定制抽屉抬高，以便收纳更多物品
温湿度监测设备的采用	—	现在，流行应用温湿度监测设备。室内相对湿度一般为 55% ± 5% 最适宜，因为相对湿度过低，室内空气中的粉尘颗粒物会增多，容易造成呼吸系统不适以及皮肤干燥等问题。如果相对湿度过高，不仅会造成室内潮湿，而且会滋生细菌、霉菌、尘螨等
卧室窗帘盒	卧室装窗帘盒	现在卧室流行不再装窗帘盒，因为那些好看的窗帘杆本身就很有格调，不需要遮挡
卧室大床感应灯	卧室没有装大床感应灯	现在卧室流行在大床底下粘贴长条式感应灯。这样，解决了晚上起夜时，如果不开灯根本看不见，倘若开大灯，不仅眼睛不舒适，还会影响再次入睡的问题

续表

项目	经典传统做法	新做法
卧室空调	—	现在卧室空调不对着床装，流行安装在床头上方。空调直接对床对人，容易影响人的健康与睡眠
卧室门窗密封条	卧室门窗没有加密封条	现在卧室门窗流行安装密封条，避免下暴雨雨水往里渗，冬天不保暖夏天不隔热，以及隔音问题
卧室行李箱专门收纳区	卧室行李箱没有专门收纳区	现在卧室流行设计行李箱专门收纳区，这样避免又大又重的行李箱难收纳，放柜里占地方的问题
一间房两人住，错位上下铺满足	—	现在，错位上下铺，可以满足两个人独立居住
衣柜与独立衣帽间	以前，卧室装修的需求，在满足休息功能的基础上，再配置一组衣柜即可	现在，大卧室配置独立衣帽间与卫生间的情况越来越普遍了

8.6　餐厅其他新做法

餐厅其他新做法

项目	经典传统做法	新做法
餐厅地插	餐厅装地插	现在，基本取消餐厅地插。餐厅地插用得少，地面上多一个地插视觉感不好，还容易出现绊倒小孩等情况
餐厅尽量别装木地板	餐厅装木地板	现在餐厅尽量别装木地板。餐厅也是家里重油重污的地方，如果装木地板容易产生油污侵入地板的现象

8.7　其他项新做法

其他项新做法

项目	经典传统做法	新做法
背景墙过多造型	凹槽灯带吊顶、镂空设计、欧式雕花石膏线、凹凸不平等设计增强造型美的背景墙	现在流行排除难打理的造型设计，部分造型尽量在触手可及的地方，以方便打扫卫生
不走双控线，采用遥控的子母开关代替	以前，双控单独走线	现在，双控采用遥控的子母开关来实现该功能，并且达到低成本的目的

续表

项目	经典传统做法	新做法
窗帘盒	以前，采用窗帘盒，目的是挡住不美观的窗帘轨	现在，窗帘轨被各种窗帘杆替代。再使用窗帘盒，则画蛇添足
地面通铺，造型更大气、更开阔	以前，地面采用波导线、过门石等分隔，造型大气，层次分明	现在，地面通铺，造型更大气、更开阔，凸显简约、上格调、不俗也不土
感应小夜灯，“人来灯亮，人走灯灭”	—	采用感应小夜灯，避免夜里起床上厕所时，摸黑开灯，或者怕吵醒家里人不方便的问题
柜内安装反弹器，需要考虑好	—	现在，不流行安装反弹器。因为反弹器异常，会引起开关不方便、关门不牢靠等异常现象。橱柜、玄关柜、衣柜等需要频繁开的柜门，需要考虑好，以免开个柜门都要按压半天
柜子装灯带	—	现在，柜体内外安装灯带，可以优化光线，弱化空间的封闭感与不适感，不会出现光线太暗影响视觉的问题，提高使用体验
家政电器	以前，家政电器不普及	现在，家政电器普及，设计应提前了解。例如干衣机、扫地机、吸尘器等家政电器日益普及
开放式转角柜	利用墙角、转角多加一个转角柜，可以充分利用空间，扩充收纳	现在，不流行安装开放式转角柜。因为开放式转角柜容易积灰、影响开关、增加定制成本
墙壁上墙裙	以前，墙壁上墙裙，可以起到装饰作用，主要是房屋层高较高	现在，墙壁上墙裙，不再用。因为房屋层高较低，家具会遮挡大部分墙壁。因此，墙壁上墙裙，不再用
全屋定制柜	以前，柜子大多是现场制作	现在，流行采用全屋定制柜。全屋定制可以根据居住者的喜好来设计，全屋定制更具有灵活性且整体搭配效果更好
是时候考虑次净衣区了	—	次净衣区是用来放置、收纳不常洗衣物的地方。次净衣区的打造空间位置有玄关、客厅、卧室等。打造净衣区的方法有：利用转角区域打造转角柜、结合衣柜打造一个开放式挂放区、添置“收纳神器”等
双面柜	—	现在，空间小，并且在隔音不重要的地方可以砸掉墙体，采用双面柜形式，从而满足小空间更多收纳的需求
嫌过门石难看但是瓷砖无法对缝的做法	—	过门石难看，瓷砖缝隙对不上，则可以采用同色的瓷砖裁割过门石，达到视觉颜色统一的目的
选择洗衣机，需要考虑洗布帘	—	现在，选择洗衣机，需要考虑洗布帘。因为布帘厚重又大，一片布帘可能就把洗衣机塞满甚至可能塞不下，清洁难度大
异形瓷砖	常规瓷砖一般是方正形	现在，通过异形瓷砖变化分区、点缀空间。异形瓷砖，包括灯笼砖、鱼鳞砖、六角砖、羽毛砖等。异形瓷砖铺贴技巧：纯色拼、不同材质拼接、局部拼接等
曾经“平淡无奇”，如今层次感满满	空间缺少了层次感	通过材质、颜色、光影、造型等形成的强烈视觉差，来丰富空间画面，增强房子的层次感

附录 书中相关及扩展视频汇总

书中相关视频汇总

钛金条吊顶做法	新型吊顶边吊做法	卫生间挖洞收纳做法
新型灯——线性灯的应用做法	玄关安装感应灯的做法	卧室不装挂机而装风管机的做法
柜到顶设计封板的做法	悬空洗漱台的做法	

书中扩展视频汇总

铝板的应用	木吊顶金属角板	木吊顶与金属吊顶混合吊顶
水电封槽挂网	自带网的隔板	小山丘光效——射灯的应用